Lernstandserhebungen/VERA 8

Mathematik

Erweiterte Anforderungen (C)

Jahrgangsstufe 8

Cornelsen

Autoren: Ilona Gabriel, Udo Wennekers

Redaktion: Torsten Gebauer, Gregor Schulz

Technische Zeichnungen: Ulrich Sengebusch
Umschlaggestaltung: hawemannundmosch, bureau für gestaltung, Berlin

Layoutkonzept: werkstatt für gebrauchsgrafik, Berlin
Technische Umsetzung: CMS Cross Media Solutions GmbH, Würzburg

Fotos: 12/1 picture-alliance/dpa/Imagechina Pan; 13/1 Superbild, Berlin/Sayama; 16/1 www.maps.google.de; 17/1 Berger, Neumarkt; 22/1, 23/1, 30/1 Cornelsen Verlag

www.cornelsen.de

1. Auflage, 4. Druck 2020

Druck: H. Heenemann, Berlin

ISBN 978-3-06-040180-2

PEFC
PEFC/04-31-1156

PEFC zertifiziert
Dieses Produkt stammt aus nachhaltig bewirtschafteten Wäldern und kontrollierten Quellen.

www.pefc.de

Lernstandserhebungen/VERA 8

Wozu gibt es Vergleichsarbeiten?

Die Vergleichsarbeiten in Klasse 8 gehen auf einen Beschluss der Kultusministerkonferenz zurück und sollen jährlich durchgeführt werden.
Die Bezeichnung der Vergleichsarbeiten variiert: „VERA-8", „Lernstandserhebung" oder „Kompetenztest" sind verbreitete Bennenungen.
Die Testaufgaben greifen auf Wissen, Fähigkeiten und Fertigkeiten zurück, die die Schülerinnen und Schüler in ihrer gesamten bisherigen Schulzeit erworben haben.
Die Schülerinnen und Schüler schreiben die Arbeiten, damit sie selbst, ihre Lehrer und ihre Eltern eine objektive Einschätzung zu ihren fachlichen Kompetenzen bekommen, unabhängig vom behandelten Lernstoff.
So ist für alle eine bessere Vorbereitung auf den Haupt- oder Mittleren Schulabschluss bzw. den weiteren schulischen Bildungsweg möglich.
Die detaillierten Auswertungen der Ergebnisse der Vergleichsarbeiten dienen als Ansatzpunkte für Aussagen über Stärken und Schwächen von Lerngruppen und damit über den Förderbedarf von Schülerinnen und Schülern in Bezug auf Teilleistungsbereiche.
So kann im Mathematikunterricht der beiden Folgejahre durch gezielte Fördermaßnahmen darauf hingearbeitet werden, dass alle Schülerinnen und Schüler die Anforderungen am Ende der Sekundarstufe I erfüllen und ihre Abschlussprüfungen erfolgreich bestehen.

Welche Kompetenzen werden überprüft?

Die in den Bildungsstandards geforderte mathematische Bildung zeigt sich im Zusammenspiel von Kompetenzen, die sich auf mathematische Prozesse beziehen, und solchen, die auf mathematische Inhalte ausgerichtet sind.
In den Vergleichsarbeiten wird es Aufgaben aus allen Kompetenzbereichen geben. Diese Aufgaben orientieren sich an den Bildungsstandards für den Hauptschulabschluss oder für den Mittleren Abschluss.
Es lässt sich zwischen allgemeinen mathematischen Kompetenzen und inhaltsbezogenen mathematischen Kompetenzen unterscheiden.
Die allgemeinen mathematischen Kompetenzen können nur im Zusammenspiel mit inhaltsbezogenen Kompetenzen erworben, weiterentwickelt und überprüft werden.

Welche Aufgabenformate gibt es in den Vergleichsarbeiten?

Vergleichsarbeiten bestehen aus unterschiedlichen Aufgabenformaten, z. B. Multiple-Choice-Aufgaben, halboffenen und offenen Aufgaben. Die Lösungen sind eindeutig richtig oder falsch. Außerdem darf eine Lösung nicht abhängig von der Lösung einer anderen Teilaufgabe sein, was komplex vernetzte Aufgaben ausschließt.
Die vorliegende Aufgabensammlung enthält Aufgabenbeispiele, mit denen man sich auf die Anforderungen der Vergleichsarbeiten vorbereiten kann.
Es handelt sich dabei um Aufgaben, die in verschiedenen Aufgabenformaten mit unterschiedlichen Anspruchsniveaus die inhaltsbezogenen Kompetenzen vernetzt mit den allgemeinen Kompetenzen überprüfen sollen. Sie sollen den Schülerinnen und Schülern einen Einblick geben, mit welchen Aufgabenformaten, die aus dem Unterricht zum Teil nicht bekannt sind, sie sich in der Vergleichsarbeit auseinandersetzen müssen.

Welchen zeitlichen Umfang haben die Vergleichsarbeiten?

Die Vergleichsarbeiten dauern jeweils eine Doppelstunde (80 Minuten Testzeit).

Inhaltsübersicht zum Arbeitsheft

Mathematische Darstellungen verwenden

Mathematische Darstellungen begegnen dir in vielfältigen Darstellungsformen. Auf dieser Doppelseite soll der Umgang mit diesen Darstellungsformen geübt werden.

Zwischen Darstellungsformen wechseln

Du solltest in der Lage sein mathematische Darstellungen zu verwenden und zwischen diesen Darstellungen zu wechseln. Dies ist wichtig, weil Beschreibungen, Terme, Tabellen und Diagramme auch in der Lebenswelt eine große Bedeutung besitzen und – je nach Sachzusammenhang – unterschiedlich geeignet bzw. verständlich sind.
Wir zeigen am Beispiel eines Fotodienstes, wie ein mathematischer Sachverhalt auf verschiedene Arten dargestellt werden kann. Betrachte dazu die Inhalte der vier Kästen.

Verbale Darstellung
Pro Bild bezahlt man bei einem Online-Fotodienst 0,09 €. Hinzu kommen einmalig 1,50 € Versandkosten.

Symbolische Darstellung
x bezeichnet die Anzahl der Bilder und y bezeichnet den Preis für die Bilder.
Dann gilt: $y = 0{,}09\,x + 1{,}5$

Darstellung mit einer Wertetabelle

Anzahl Bilder	0	1	2	3	...
Preis (in €)	1,50	1,59	1,68	1,77	...

Darstellung als Diagramm

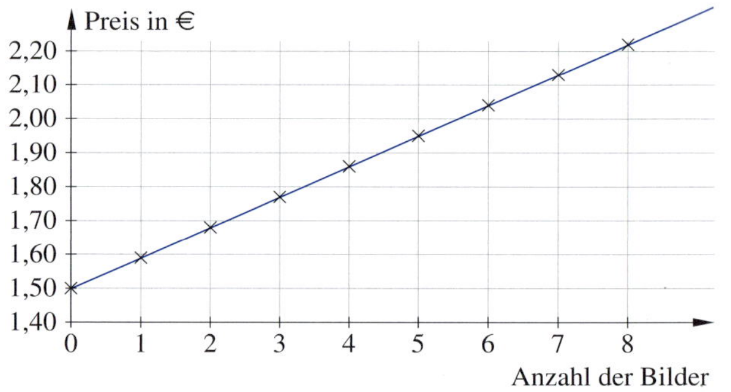

Aufgabe DAR 1 – Fotodienst

Bei einem Online-Fotodienst bezahlt man pro Bild 0,08 € und für den Versand zusätzlich 2 €.

a) Stelle den Sachverhalt symbolisch mit Variablen dar.
b) Erstelle eine Wertetabelle, aus der man die Kosten für ein bis zehn Bilder ermitteln kann.
c) Wie viel muss man für 23 Bilder bezahlen?

Aufgabe DAR 2 – Folgen

Betrachte die folgende Abbildung.

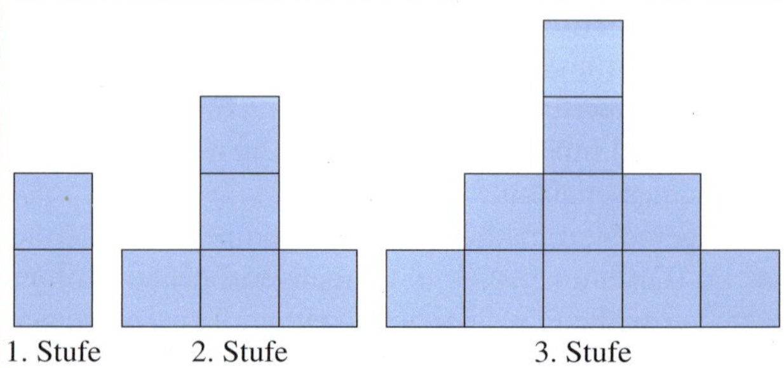

a) Zeichne die 4. und die 5. Stufe der Folge.
b) Aus wie vielen Quadraten besteht die 6. Stufe der Folge?
c) Mit welchem der folgenden Terme kann die Anzahl der Quadrate in der n-ten Stufe berechnet werden?

(1) $n + 2$ (2) $n \cdot (n + 1)$
(3) $n^2 + 1$ (4) $(n - 1)(n + 1)$

d) Die Anzahl der Quadrate in der n-ten Stufe einer anderen Folge lässt sich mit der Formel $2n - 1$ ermitteln. Zeichne die ersten vier Stufen einer solchen Folge.

AUFGABE DAR 3 – RECHENBÄUME

Ordne den Rechenbäumen (① bis ③) je eine Textaufgabe (A bis C) und einen Term (I bis III) zu.

①

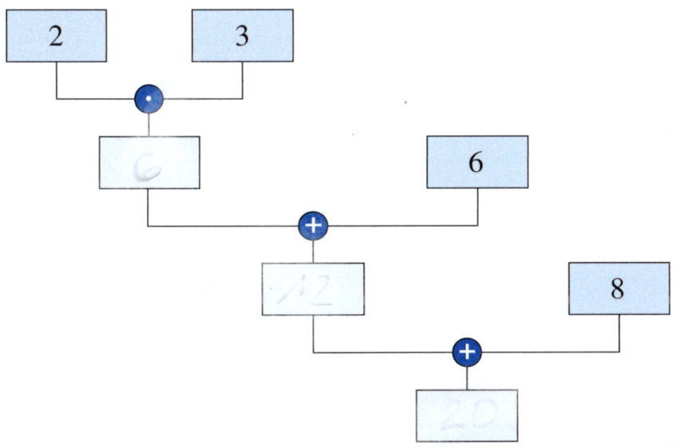

②

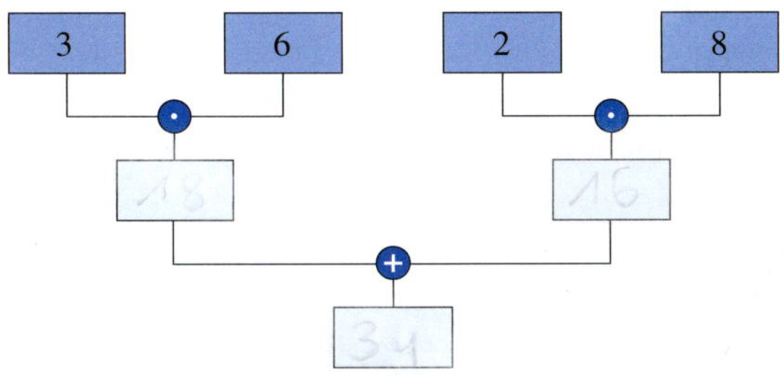

③

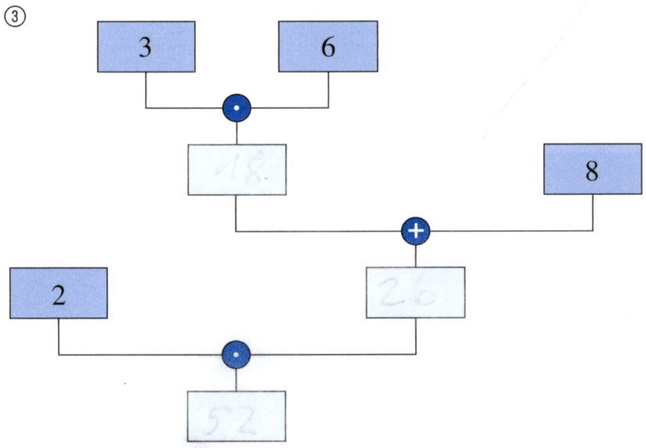

Textaufgabe A
In einer Jugendherberge hat eine Reisegruppe zwei Dreibett-Zimmer, ein Sechsbett-Zimmer und ein Achtbett-Zimmer gebucht. Wie viele Reisende können in den Zimmern untergebracht werden?

Textaufgabe B
Paul kauft auf einem Trödelmarkt drei CDs zu je 6 € und zwei CDs zu je 8 €. Wie viel Geld hat Paul dem Händler zu bezahlen?

Textaufgabe C
Zwei Freunde joggen dreimal wöchentlich sechs Kilometer und am Wochenende zusätzlich einmal acht Kilometer. Wie viel Kilometer laufen die beiden in einer Woche zusammen?

Term I
$2 \cdot (8 + 3 \cdot 6)$

Term II
$6 + 2 \cdot 3 + 8$

Term III
$8 \cdot 2 + 6 \cdot 3$

DIAGRAMME AUSWERTEN

Diagramme sind eine besonders verbreitetete Darstellungsform. Diagramme verdeutlichen meistens Zahlen und Größen. Neben Säulendiagrammen und Balkendiagrammen werden Kreisdiagramme häufig verwendet.

AUFGABE DAR 4 – OZEANE

382 Mio. km² der Erde sind von den Ozeanen bedeckt. Das Kreisdiagramm zeigt, wie sich diese Fläche auf die fünf Ozeane verteilt.

a) Bestimme den Anteil der einzelnen Ozeane am ozeanbedeckten Teil der Erdoberfläche.

b) Berechne die ungefähre Fläche der fünf Ozeane und stelle die Größe der Ozeane in einem Säulendiagramm dar.

c) 71 % der gesamten Erdoberfläche werden durch Ozeane, 29 % durch Kontinente bedeckt. Bestimme die Größe der Erdoberfläche, die durch die Kontinente bedeckt wird.

d) Wie groß ist der Anteil des Pazifischen Ozeans an der gesamten Erdoberfläche?

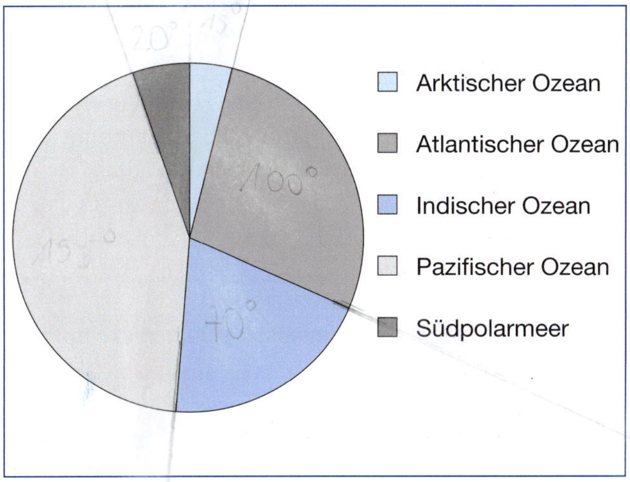

Argumentieren/kommunizieren

In vielen alltäglichen Situationen ist es notwendig, seine Meinung zu äußern und sie zu begründen. Auch in der Mathematik geht es nicht nur um das Berechnen von Größen, sondern auch um das Nachvollziehen, das Überprüfen bzw. das Erläutern von Rechnungen und mathematischen Darstellungen, das Korrigieren von Fehlern, das Vergleichen von Rechenwegen, ...
Besonders wichtige wahre Aussagen z. B. über Zahlen, Variablen, Funktionen und Figuren nennt man in der Mathematik Sätze. Wenn jemand eine Aussage aufstellt, ist zu überprüfen, ob sie wahr oder falsch ist.

Wie können Aussagen mithilfe von Beispielen überprüft werden?

Überlege dir Beispiele, an denen man die Aussage überprüfen kann. Setze z. B. Zahlen ein.

- Wenn du ein einziges Beispiel findest, für das die Aussage nicht zutrifft, dann ist die Aussage damit widerlegt. Man nennt dieses Beispiel dann ein Gegenbeispiel.
- Wenn du viele Beispiele findest, für die die Aussage zutrifft, genügt das nicht, um zu behaupten, dass sie wahr ist.
- Du solltest dich also fragen:
  Ist das immer so? Gibt es auch Fälle, bei denen die Aussage nicht gilt?
  Suche nach Begründungen.

Aussage: Wenn eine Zahl durch 3 teilbar ist, dann ist sie auch durch 6 teilbar.
Überprüfung: 120 ist durch 3 und durch 6 teilbar. 123 ist durch 3 teilbar, aber nicht durch 6. Die Aussage gilt also nicht für alle Zahlen. Sie ist falsch.

Aussage: Wenn eine Zahl durch 4 teilbar ist, dann ist sie auch durch 2 teilbar.
Überprüfung: 248 ist z. B. durch 4 und 2 teilbar. Alle Vielfachen von 4 (4; 8; 12; 16; 20; 24; ...) sind gerade Zahlen und somit auch durch 2 teilbar. Die Aussage ist demzufolge wahr.

Aufgabe ARG 1 – Wahr oder falsch?

Überprüfe mithilfe von Beispielen, ob die Aussagen wahr oder falsch sind.

a) Je größer eine natürliche Zahl ist, desto größer ist ihre Quersumme.
b) Bildet man nur aus den Ziffern 1; 2; 3; 4 und 5 eine beliebige fünfstellige Zahl, so ist diese durch 3 teilbar.
c) In einem Dreieck gibt es höchstens zwei spitze Winkel.
d) Jedes Quadrat ist ein Parallelogramm.
e) Jedes Viereck mit drei rechten Winkeln ist ein Quadrat.

Wie werden Aussagen noch begründet?

Beim Finden einer Begründung helfen dir folgende Fragen.

- Was bedeuten die Teile der Aussage?
- Kann man sich den Sachverhalt veranschaulichen?
- Wie würde man die Aussage für ein bestimmtes Beispiel begründen?

Die Begründung kann dann durch eine Handlung erfolgen, auch eine Zeichnung, eine mündliche Erläuterung oder mathematische Schlussfolgerungen sind möglich.

Aussage: Die Innenwinkelsumme im Dreieck beträgt 180°.
Begründung: Die drei Innenwinkelgrößen ergeben zusammen 180°, wenn die drei Winkel zusammen einen gestreckten Winkel bilden,
d. h.: $\alpha + \beta + \gamma = 180°$.

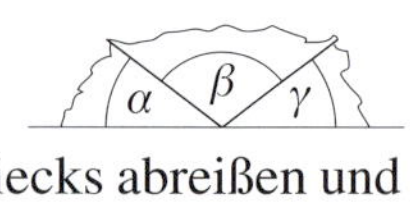

Man kann z. B. die Ecken eines Dreiecks abreißen und sie dann zu einem gestreckten Winkel zusammenlegen oder eine Zeichnung anfertigen und argumentieren.

Aufgabe ARG 2 – Begründen

Begründe den Innenwinkelsatz für Dreiecke mithilfe der Zeichnungen.

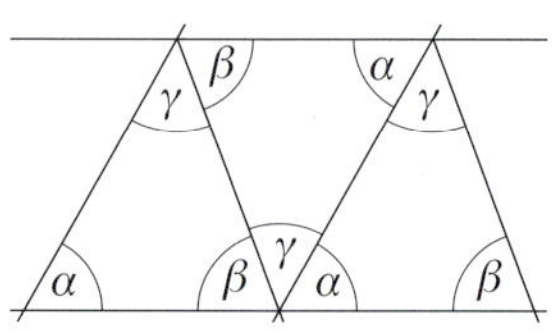

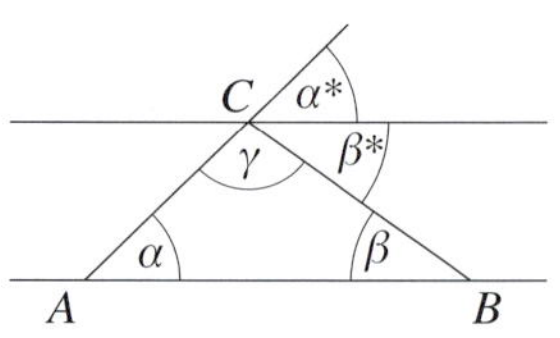

Wie werden allgemeingültige Aussagen bewiesen?

Soll ein Beweis geführt werden, ist zunächst festzulegen, von welchen Voraussetzungen man ausgeht. Meistens wird ein Satz mit einer Wenn-dann-Formulierung aufgestellt.
Wenn die Voraussetzung gilt, dann folgt die Behauptung. Zur Begründung bzw. zum Beweis des Satzes dürfen nur die Voraussetzung, Definitionen und bereits früher bewiesene Sätze verwendet werden. Die Argumente müssen logisch aufgebaut sein. Fachbegriffe sollten genutzt werden.

Aussage: Wenn die Innenwinkelsumme von Dreiecken 180° beträgt, dann beträgt die Innenwinkelsumme von Vierecken 360°.
Voraussetzung: Die Innenwinkelsumme von Dreiecken beträgt 180°.
Behauptung: Die Innenwinkelsumme von Vierecken beträgt 360°.
Beweis: Jedes Viereck *ABCD* lässt sich in zwei Teildreiecke zerlegen, z. B. in Dreieck *ABC* und Dreieck *ACD*. In jedem Dreieck beträgt Innenwinkelsumme 180°. Es gilt: $2 \cdot 180° = 360°$, daher beträgt die Innenwinkelsumme in jedem Viereck 360°. q. e. d.

Aufgabe ARG 3 – Beweisen

Beweise die Aussagen. Beachte die gegebenen Voraussetzungen.

a) Wenn die Innenwinkelsumme im Parallelogramm 360° beträgt, dann sind es im Dreieck 180°.
b) Wenn α und γ Scheitelwinkel und β und γ Nebenwinkel sind, dann sind α und γ auch Nebenwinkel.
c) Wenn zwei Zahlen durch 5 teilbar sind, dann ist ihre Summe auch durch 5 teilbar.

Wie können Lösungswege verglichen und bewertet werden?

Häufig gibt es mehrere Möglichkeiten eine Aufgabe zu lösen. Versuche zunächst stets, den vorgegebenen Lösungsansatz, den Lösungsweg und die Lösung nachzuvollziehen.

1. Überlege, ob der Ansatz richtig ist.
   - Ist die Zerlegung der Figur angebracht?
   - Sind die Terme richtig veranschaulicht?
   - Stimmen die angegebenen Längen mit den Termen überein?
2. Überprüfe, ob alle Umformungen richtig sind.
   - Wurden alle Rechenregeln und -gesetze beim Umformen der Terme beachtet?
   - Sind die Gleichungen zueinander äquivalent?
   - Treten Fehler bei der Verwendung von Maßeinheiten auf?
3. Vergleiche, ob man bei allen Lösungswegen zum gleichen Ergebnis kommt.
4. Überlege, welcher Lösungsweg einfacher, schneller bzw. anfälliger für Fehler ist.

Gib einen Term zur Bestimmung des Flächeninhalts der blauen Fläche an.

Lösungsweg 1:
$2 \cdot a \cdot x + 2 \cdot b \cdot x$
$= 2x(a + b)$

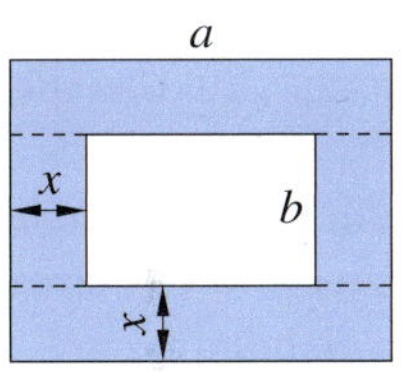

Lösungsweg 2:
$a \cdot (b + 2x) - b \cdot (a - 2x)$
$= ab + 2ax - ab - 2bx$
$= 2ax - 2bx$
$= 2x(a - b)$

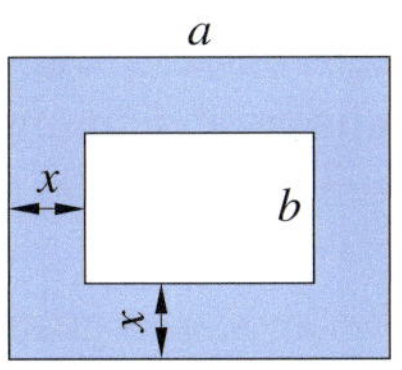

Lösungsweg 3:
$2 \cdot [(b + 2x) \cdot x + (a - 2x) \cdot x]$
$= 2 \cdot [bx + 2x^2 + ax - 2x^2]$
$= 2 \cdot [bx + ax]$
$= 2x[b + a]$

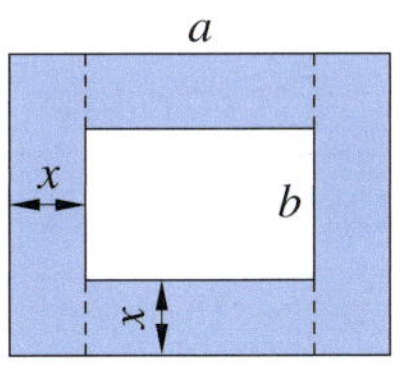

Aufgabe ARG 4 – Vergleichen

Untersuche, vergleiche und bewerte Lösungswege.

a) Erläutere, welche beiden Flächeninhalte bei Lösungsweg 2 subtrahiert wurden.
b) Welche Terme entsprechen den jeweiligen Teilflächen bei den Lösungswegen 1 und 3?
c) Überprüfe bei allen Lösungswegen, ob die Umformungen richtig sind. Korrigiere gegebenenfalls Fehler.
d) Überlege, welcher Lösungsweg dir am einfachsten erscheint. Begründe deine Meinung.
e) Finde eine weitere Zerlegungsmöglichkeit und überprüfe, ob diese zum richtigen Ergebnis führt.

Problemlösen

Sicher ist es dir bei Sachaufgaben oder einem Alltagsproblem schon oft so gegangen, dass du keine Idee hattest, wie du die Aufgabe oder das Problem lösen kannst.
Die folgenden Anregungen sollen dir helfen geeignete Strategien zu finden, um eine Problemstellung zu lösen. Oftmals findet man durch das folgende 4-Schritt-Verfahren, das von George Pólya (1949) entwickelt wurde, für das Problem eine Lösung.

Beispiel
Aus Werbezwecken wird bei einem Musical der Eintrittspreis an einem Abend um 20% gesenkt. Dennoch bleibt die Einnahme genau so hoch wie am Abend zuvor.
Um wie viel % ist die Besucherzahl gestiegen?

1. Das Problem verstehen

- Was wird gesucht?
- Welche Angaben sind vorgegeben?
- Hast du wirklich alle Daten verwendet?
- Kannst du durch Kombinieren verschiedener Informationen neue Angaben herausfinden?
- Formuliere das Problem mit eigenen Worten.
- Fertige eventuell eine Zeichnung an, um dir die Situation klarzumachen.

Gesucht: Anstieg der Besucherzahl in %.
Gegeben: Der Eintrittspreis ist um 20% gesenkt worden, d.h. er beträgt noch 80% des ursprünglichen Preises.
Die Einnahmen sind an beiden beiden Tagen gleich.

Problem: Man kennt nicht die Besucherzahlen am Vortag und den Preis am Vortag.

2. Einen Lösungsplan aufstellen

Überlege, ob du ein ähnliches Problem kennst, dessen Lösungsmethode sich übertragen lässt.
Kannst du das Problem vereinfachen oder verändern, d.h.
- für einen einfacheren Spezialfall lösen,
- zusätzliche Größen einführen, z.B. Hilfslinien einzeichnen,
- das Problem in Teilprobleme zerlegen,
- eine andere Darstellung wählen (Tabelle, Term, Gleichung, Zeichnung),
- durch sinnvolles Probieren lösen?

Überlege, was gesucht ist und was dir helfen würde, die zusätzliche Größe zu finden.

Lösungsplan 1
Ausgangspreis und Besucherzahl am Vortag selbst festlegen: z.B. 2000 Besucher und Preis 20€.
Einnahmen am Vortag: 2000 · 20€
Preis am Folgetag: 80% von 20€ berechnen
Einnahmen am Vortag und Einnahmen am Folgetag gleichsetzen, Besucherzahl berechnen.

Lösungsplan 2
1) Variablen für alle Größen festlegen
Der alte Preis beträgt p. Die alte Besucherzahl b.
Der neue Preis beträgt $p_{neu} = 0{,}8p$. Die neue Besucherzahl ist b_{neu}.
2) Gleichung aufstellen: $b \cdot p = b_{neu} \cdot p_{neu}$

3. Durchführung des Lösungsplans

Löse das Problem mit deinem Lösungsplan.
Überprüfe, ob die Lösungen der Teilprobleme die Gesamtlösung ergeben.

Lösung zu Plan 1
Einnahmen am Vortag:
2000 · 20€ = 40 000€
Preis am Folgetag:
0,8 · 20€ = 16€
$40\,000 = x \cdot 16 \quad | : 16$
$2\,500 = x$

Lösung zu Plan 2
$b \cdot p = b_{neu} \cdot p_{neu}$
$b \cdot p = b_{neu} \cdot 0{,}8p \quad | : 0{,}8p$
$\frac{b \cdot p}{0{,}8p} = b_{neu}$
$1{,}25b = b_{neu}$

4. Rückschau und Kontrolle

- Kontrolliere, ob alle Schritte korrekt sind (Probe).
- Überlege, ob das Ergebnis sinnvoll ist (Überschlag, Kontrolle der Einheiten).
- Passt die Lösung zu dem Problem?
- Formuliere einen Antwortsatz.

Antwort zu Plan 1
Am Folgetag waren 2 500 Besucher anwesend. Insgesamt ist die Besucherzahl also um 25% gestiegen.

Antwort zu Plan 2
Die Besucherzahl am 2. Tag ist 1,25 mal so hoch wie am Vortag, d.h. sie ist um 25% gestiegen.

Aufgabe P1 – 10 000-m-Lauf

Sabine will an einem 10 000-m-Lauf teilnehmen.
Sie trainiert regelmäßig in einem Park.

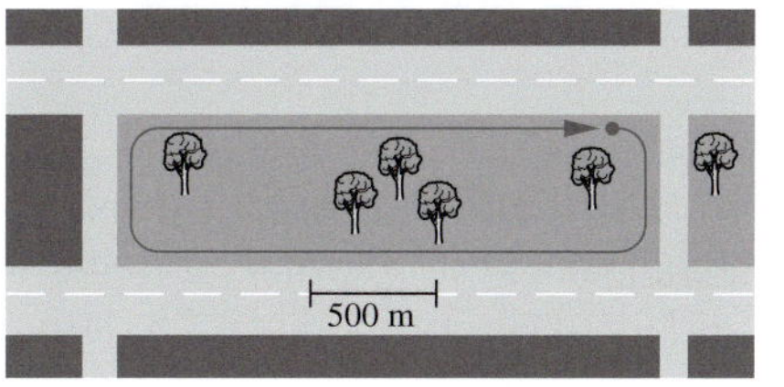

a) Wie viele Runden muss sie ungefähr laufen, um etwa 10 000 m zurückzulegen?
b) Schätze, wie viele Minuten sie ungefähr für 10 000 m braucht.

Aufgabe P2 – Fernwärme

Die beiden Orte A und B sollen an eine Fernwärmeleitung angeschlossen werden. Dazu müssen neue Leitungen verlegt werden. Um die Kosten gering zu halten, ist ein gemeinsamer Anschluss an die bestehende Fernwärmeleitung geplant.

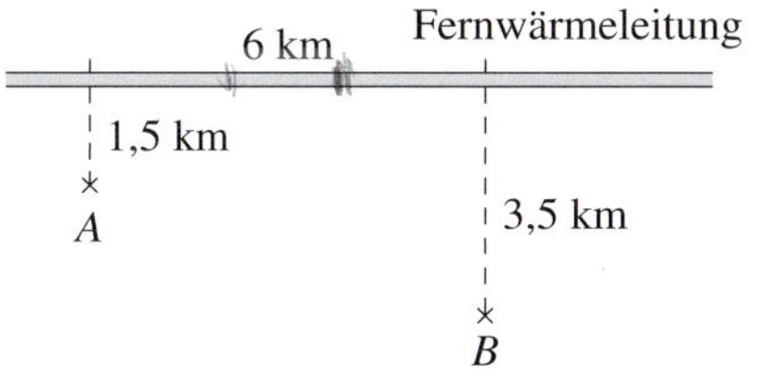

a) An welcher Stelle muss der Anschluss liegen, wenn beide Orte von der Anschlussstelle genau gleich weit entfernt sein sollen?
Löse durch eine geeignete Konstruktion.
b) Wie lang ist dann die Verbindungsleitung für jeden Ort?
c) Der Bürgermeister von Ort A schlägt vor, dass man besser eine Stelle suchen sollte, für die die Gesamtlänge der Leitung möglichst gering wird. Die Kosten für die Leitung könnten dann geteilt werden. Lohnt sich der Vorschlag für die beiden Orte?

Aufgabe P3 – Dreieckszahlen

Aus Plättchen werden die so genannten Dreieckszahlen gelegt.

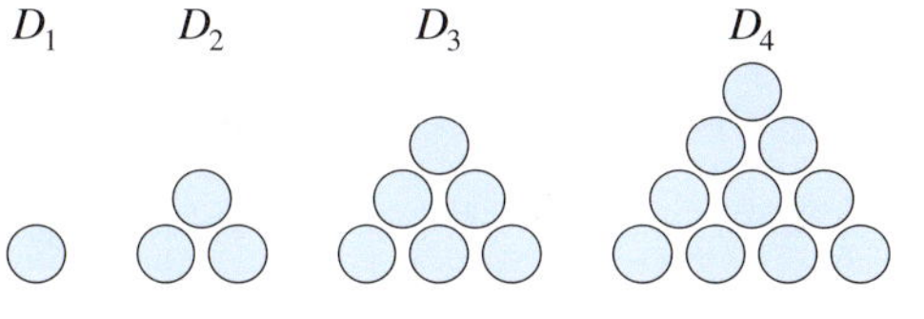

a) Wie groß ist die 10. Dreieckszahl?
b) Selim behauptet, dass auch die Zahl 80 eine Dreieckszahl ist.
Überprüfe die Behauptung.
c) Wie viele Plättchen kommen hinzu, wenn man aus der 45. Dreieckszahl die 46. Dreieckszahl legen möchte?
Begründe.
d) Simone sagt, dass sie sofort sehen kann, ob jemand zwei benachbarte Dreieckszahlen richtig addiert hat.
Finde einen Trick, mit dem man überprüfen kann, ob die Addition der beiden Dreieckszahlen richtig ist.

Aufgabe P4 – Quersumme

a) Gibt es natürliche Zahlen, die kleiner sind als ihre Quersumme?
b) Welche natürlichen Zahlen sind um 27 größer als ihre Quersumme?
c) Welche natürlichen Zahlen sind um 40 größer als ihre Quersumme?

Aufgabe P5 – Schuhe

Ein ungarischer Schuhmacher zeigt voller Freude den von ihm angefertigten Riesenschuh.

a) Welche Schuhgröße hat der abgebildete Schuh?
b) Wie groß wäre eine Person, der dieser Schuh passen würde?
c) Wie viel Leder braucht man, um so einen Schuh anzufertigen?
d) Was müsste so ein Schuh kosten?

Modellieren

Im Mathematikunterricht müssen häufig Sachsituationen erfasst und Anwendungsprobleme gelöst werden. Daher ist es erforderlich modellieren zu können. Das bedeutet, dass man Situationen in mathematische Begriffe und Strukturen übersetzt, in dem mathematischen Modell arbeitet und die Ergebnisse in der entsprechenden Situation prüft und interpretiert.

Modellierungsaufgaben lassen sich wie folgt lösen:

Realsituation

Häufiges Ärgernis und Ursache für kleinere Staus sind die so genannten „Elefantenrennen“, also Überholvorgänge von LKWs auf meist zweispurigen Autobahnen. Wie lange dauert ein solcher Überholvorgang?

↓ vereinfachen

Realmodell

Annahmen:
Länge LKW 1: 15 m — Länge LKW 2: 18 m
Geschwindigkeit LKW 1: 83 km/h — Geschwindigkeit LKW 2: 80 km/h
LKW 1 schert 50 m hinter LKW 2 aus und 50 m vor LKW 2 wieder ein.

↓ mathematisieren

Mathematisches Modell

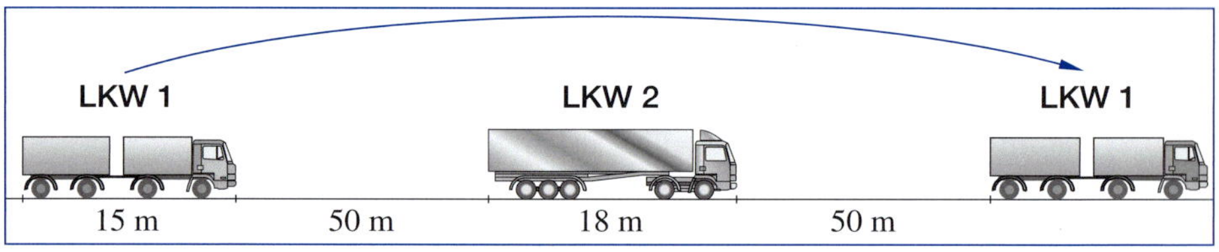

↓ mathematisch bearbeiten

Mathematische Lösung

LKW 1 muss bis zum Abschluss des Überholvorgangs in der gleichen Zeit (15 m + 50 m + 18 m + 50 m =) 133 m mehr zurücklegen als LKW 2.
LKW 1 ist 3 km/h schneller als LKW 2, d. h. er legt in einer Stunde 3 km (= 3 000 m) mehr zurück, in einer Minute also 50 m (denn 3 000 : 60 = 50).
Es muss noch berechnet werden, wie viele Minuten LKW 1 benötigt, um 133 m mehr als LKW 2 zurückzulegen. Da der LKW in einer Minute 50 m mehr zurücklegt, kann wie folgt gerechnet werden: $133 : 50 \approx 2\frac{2}{3}$.

↓

Interpretation

Der Überholvorgang dauert 2 Minuten und 40 Sekunden.

Aufgabe MOD 1 – Realsituationen erfinden

Erfinde jeweils zum Rechenbaum, zum Diagramm, zum Term und zur Zuordnungsvorschrift eine passende Realsituation.

a) 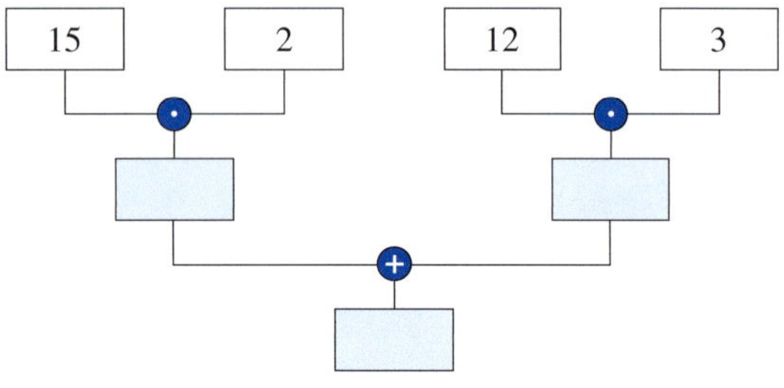

b) 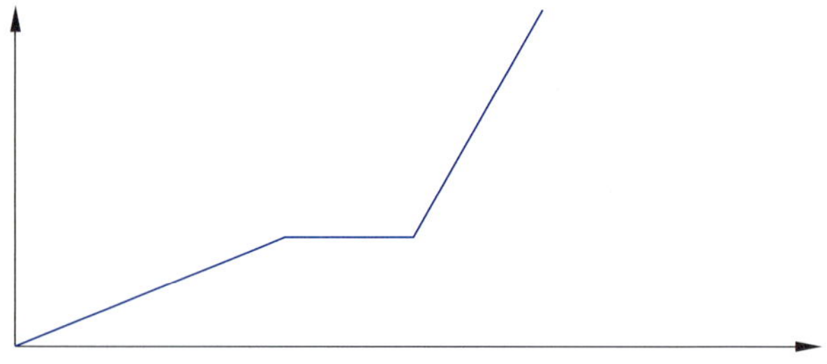

c) $6 \cdot 1{,}2 + 8 \cdot 0{,}8$

d) $y = 1{,}69x$

Aufgabe MOD 2 – Rechengeschichten erfinden

Erfinde zu den folgenden Aufgaben passende Rechengeschichten und löse sie.

a) $\frac{3}{4}$ von 32 b) das Vierfache von 1,99 c) $\frac{2}{3}$ von 1068 d) die Hälfte von einem Drittel

Aufgabe MOD 3 – Bedeutungen zuordnen

Ordne den Variablen in den folgenden Termen ihre jeweilige Bedeutung zu.

a) Jan ist doppelt so alt wie Jakob, es gilt: $y = 2x$.

x bedeutet: ______________________ y bedeutet: ______________________

b) Ein Landwirt hat Schweine und Kühe. Es sind mehr Schweine als Kühe. Es gilt: $y - 50 = x$.

x bedeutet: ______________________ y bedeutet: ______________________

c) Ein Hotel hat Einzel- und Zweibettzimmer, es gilt: $z = 2x + y$.

x bedeutet: ______________________ y bedeutet: ______________________

z bedeutet: ____

Aufgabe MOD 4 – Terme angeben

Gib jeweils einen Term an, mit dem der Umfang der folgenden Figuren berechnet werden kann.

a)

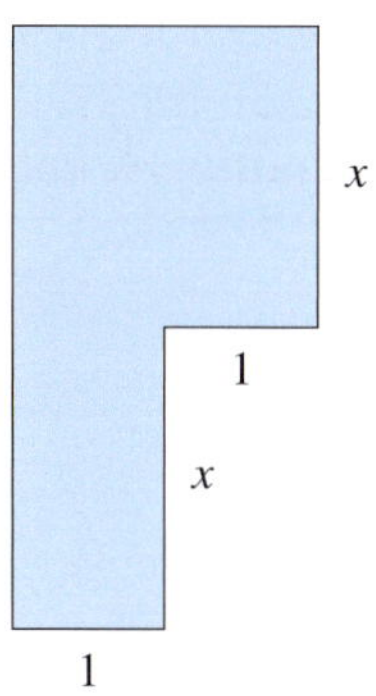

b)

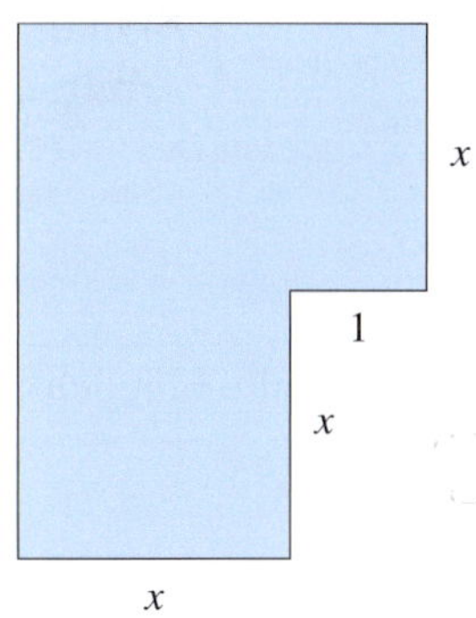

c)

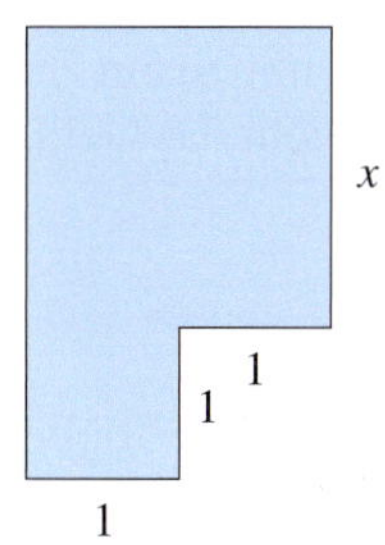

d)

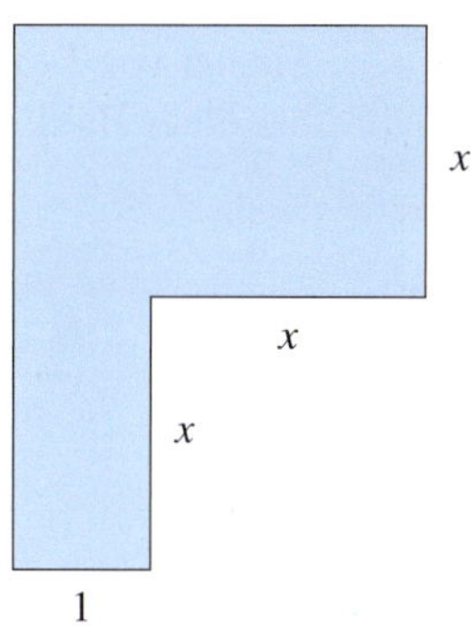

Aufgabe MOD 5 – Gleichungen lösen

Löse die folgenden Aufgaben mit Hilfe einer Gleichung.

a) Torsten bildet die Summe der Zahlen 55 und 77. Durch welche Zahl muss er das Ergebnis dividieren, um 4 zu erhalten?
b) Ein Rechteck besitzt einen Umfang von 42 cm. Es ist doppelt so breit wie lang. Berechne die Seitenlängen.
c) In einem Dreieck ist der Winkel α doppelt so groß wie der Winkel β. Winkel γ ist 16° größer als β. Berechne die Größe der drei Winkel.
d) Ina, ihre Mutter Elke, ihre Oma Trudi und ihre Uroma Gertrud sind zusammen 204 Jahre alt. Elke ist dreimal so alt wie Ina und 28 Jahre jünger als Trudi. Uroma Gertrud war 80 Jahre alt, als ihre Urenkelin Ina geboren wurde. Berechne das Alter der vier Personen.

Aufgabe MOD 6 – Schwimmbad

In einem Schwimmbad werden zwei Becken mit Wasser gefüllt. Das Kinderbecken ist 10 m lang, 8 m breit und 0,9 m tief. Das größere Becken ist 15 m lang, 10 m breit und 1,5 m tief.

a) Berechne das Volumen der beiden Becken.
b) Das große Becken ist bereits mit 50 m^3 Wasser gefüllt. Pro Minute fließen weitere 1,5 m^3 Wasser in das Becken. In das Kinderbecken werden 2,5 m^3 Wasser pro Minute gepumpt. Zu welchem Zeitpunkt befindet sich in den beiden Becken die gleiche Wassermenge?

Leitidee Zahl

Aufgabe Z1 – Haariges

Dai Yueqin, deren Haare 4,20 m lang sind, zeigt hier ihre Haare nach dem Waschen im Jahr 2005. Zum Waschen braucht sie alle vierzehn Tage zwei Stunden und es dauert einen ganzen Tag bis sie trocken sind. Die 40-Jährige schnitt ihre Haare seit 26 Jahren nicht mehr, d. h. im Alter von 14 Jahren. 1992 war Dai Yueqin die Frau mit den längsten Haaren in China.

a) Wie viel Zentimeter sind die Haare durchschnittlich pro Monat gewachsen, wenn sie am 14. Geburtstag von Dai Yueqin 30 cm lang waren?

b) Jeder hat durchschnittlich 100 000 Kopfhaare. Wie viel Meter wachsen diese in der Summe pro Monat, wenn jedes pro Tag 0,3 mm länger wird?

Aufgabe Z2 – Freizeitpark

Mit der Ermäßigungskarte MEHR FREIZEITSPASS erhält man ein Jahr lang 50 % Ermäßigung auf den Besuch verschiedener Freizeitattraktionen und Museen. Die Karte kostet 55,00 €. Wie oft muss man einen Freizeitpark, bei dem der Eintritt 22,00 € beträgt, besuchen, damit sich die Anschaffung der Ermäßigungskarte lohnt?

Aufgabe Z3 – Rollerkauf

Sarah will sich einen Roller kaufen, den sie bar bezahlen möchte. Sie hat zwei Preisangebote eingeholt.

a) Bei welchem Händler ist der Roller preisgünstiger?

b) Sie hat vor 2 Jahren 2000 € mit einem Zinssatz von 3 % p. a. bei einer Bank angelegt. Reicht das Geld für den Roller?

Müller:	Roller BWZ 56 für 2149 €
Arndt:	Roller BWZ 56 für 2199 € bei Barzahlung 3 % Rabatt

Aufgabe Z4 – Ein Viertel von *x*

Wie kann „ein Viertel der Zahl x" geschrieben werden? Kreuze alle Möglichkeiten an.

A $x - 4$	B $\frac{1}{4} \cdot x$	C $x - 0{,}75x$	D $x : \frac{1}{4}$
E $x : 4$	F 25 % von x	G $x - \frac{1}{4}$	H $\frac{1}{2}x : 2$

Aufgabe Z5 – Fünfen

Bilde jeweils mit genau vier Fünfen einen Term, der den vorgegebenen Wert hat.

$3 = \frac{5+5+5}{5}$ 9 = 5+5−5:5 7 = (5+5):5+5

Aufgabe Z6 – Mehrwertsteuer in Europa

Die Grafik zeigt die Prozentsätze der Mehrwertsteuer in einigen Ländern.

a) Kai kauft in Portugal eine Jeans zu einem Nettopreis von 45 €. Hinzu kommt die Mehrwertsteuer. Wie viel hat er an der Kasse zu zahlen?

b) In Luxemburg beträgt die Mehrwertsteuer für dieselbe Jeans 5,70 €. Was kostet die Jeans dort inklusive Mehrwertsteuer?

c) Dana hat für eine Jeans bei einem Nettopreis von 48 € insgesamt 57,60 € gezahlt. In welchem Land hat sie die Jeans gekauft?

d) Informiere dich, ob die angegebenen Prozentsätze noch gültig sind.

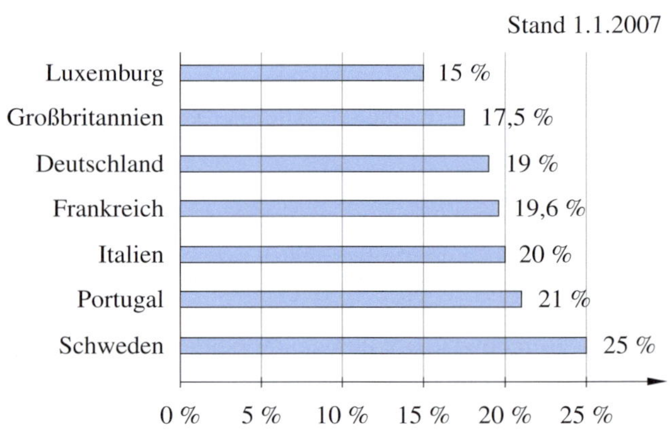

Aufgabe Z7 – Torte

Auf dem Schulfest wird selbstgebackene Torte angeboten.

1 Stück Torte	*1,20 €*
10 Stück Torte	*10,00 €*
Platte mit 16 Stücken	*15,00 €*

a) Ermittle den günstigsten Preis für 9 Stück Torte.
b) Berechne den günstigsten Preis für 25 Stück Torte.
c) Wie hoch ist der Preis pro Tortenstück beim Kauf von zwei Platten?

Aufgabe Z8 – Zahlenrätsel

Setze 11, 21, 31, 41 und 51 so ein, dass der Wert des Bruches möglichst klein ist.

$$\frac{\square \cdot \square + \square}{\square \cdot \square}$$

Aufgabe Z9 – Sonnenblumen

Beschreibe, wie du vorgehst.

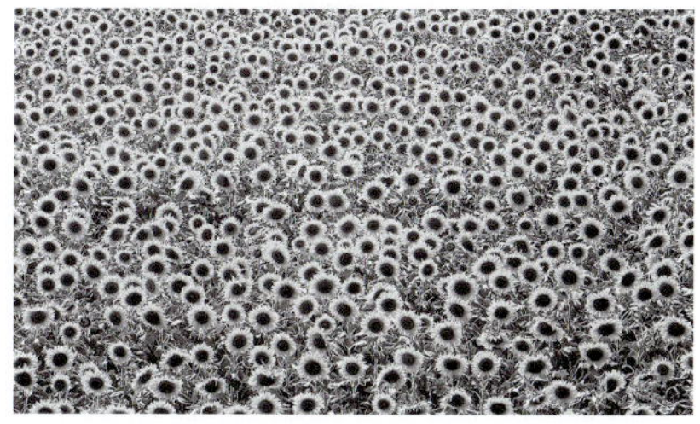

a) Schätze die Anzahl der Sonnenblumen auf dem abgebildeten Foto.
b) Das Foto zeigt einen Ausschnitt eines insgesamt 2,5 ha großen Feldes. Wie viele Sonnenblumen stehen etwa auf dem Feld, wenn der abgebildete Ausschnitt in Wirklichkeit ca. 4,5 m lang und 6 m breit ist?

Aufgabe Z10 – Ferienjob

Carina hat 1000 € bei einem Ferienjob verdient. Sie möchte das Geld zwei Jahre bei einer Bank anlegen. Ihr liegen zwei Angebote vor.
Carina meint: „Beide Angebote sind gleich gut.“
Was meinst du dazu? Begründe.

Plus Sparen:	Im ersten Jahr gibt es 2 % p.a. und im zweiten Jahr 4 %.
Extra Sparen:	Im ersten und zweiten Jahr gibt es jeweils 3 % p.a..

Aufgabe Z11 – Handyrechnung

Sandra hat mithilfe einer Tabellenkalkulation errechnet, welche Handykosten diesen Monat auf sie zukommen. Ihr Tabellenblatt ist in Spalten (A; B; C; …) und Zeilen (1; 2; 3; …) aufgeteilt. Die Felder heißen Zellen, z. B. A4 oder B5. Die Zahlenwerte der Zellen können durch mathematische Formeln miteinander verknüpft werden.

	A	B	C	D
1		Preis pro Einheit in €	Anzahl	Gesamtpreis in €
2	Grundgebühr	-	-	1,95
3	Verbindungen in das Festnetz	0,29	25	7,25
4	Verbindungen netzintern	0,29	40	=B4*C4
5	Verbindung in andere Mobilfunknetze	0,39	20	7,80
6	SMS	0,19	35	6,65
7	MMS	0,39	5	■■■
8			Gesamt: brutto	37,20
9		darin	19 % MwSt.	5,94
10			Gesamt: netto	31,26

a) In Zelle D4 steht die Formel =B4*C4. Welcher Zahlenwert ergibt sich in der Zelle? ____________

b) In Zelle D7 fehlt eine Formel. Wie lautet die entsprechende Formel? ____________

c) Notiere eine Formel zur Berechnung des Gesamtbruttobetrags in Zelle D8. ____________

d) Mit welcher der Formeln kann die Mehrwertsteuer (MwSt.) in Zelle D9 berechnet werden? Kreuze an.

A =D8*(19/119) B =(D8/100)*19 C =(D2+D3+D4+D5+D6+D7)*0,19

AUFGABE Z 12 – PREISVORTEIL

Ein Hersteller von Kartoffelchips plant eine neue Werbestrategie. Der Marketingmanager bekam zwei Vorschläge. Was würdest du empfehlen, wenn derzeit 250 g Chips 1,80 € kosten?

Vorschläge:
- *Die Packungen erhalten 10 % mehr Inhalt bei gleichem Preis.*
- *Der Preis der Chips wird um 10 % reduziert. Der Packungsinhalt bleibt gleich.*

AUFGABE Z 13 – SUMMEN

Bilde nur aus den Ziffern 1; 2; 3; 4; 5 und 6 zwei dreistellige Zahlen. Verwende jede Ziffer genau einmal.

a) Ermittle die größte mögliche Summe beider dreistelligen Zahlen. □□□ □ □□□ = ____________________

b) Ermittle die kleinste mögliche Summe beider dreistelligen Zahlen. □□□ □ □□□ = ____________________

c) Sabine und Niklas haben bei a) die gleiche Summe erhalten, aber ihre Summanden sind unterschiedlich. Begründe, warum das möglich ist.

d) Wie viele Möglichkeiten gibt es, die kleinste Summe beider dreistelligen Zahlen zu erstellen?

____

AUFGABE Z 14 – HARRY POTTER

Am ersten Verkaufstag von Harry Potter 5 in England wurden von „Harry Potter and the Order of The Phoenix" 21 Bücher pro Sekunde verkauft. Wenn man nur die Bücher am Erstkaufstag im Vereinigten Königreich auf einen Stapel legen würde, wäre dieser Berg 12-mal höher als der Mount Everest (8 850 m). Wenn man alle je verkauften Harry Potter Bücher flach auf den Boden legen würde, würde diese Fläche etwa 1000 Fussballfelder bedecken – oder 3,7-mal den Boden des Staates Monaco.

Die obige Meldung stammt von 2005. Als 2007 der letzte Band von Harry Potter „Harry Potter and the Deathly Hallows" erschien, war zu lesen, dass allein in Großbritannien 2 652 656 Exemplare in den ersten 24 Stunden verkauft wurden. Die Autorin J. K. Rowling signierte zwischen Mitternacht und 6:30 Uhr 1 600 Exemplare ihres Buches. Die britische Rekord-Schnellleserin Anne Jones las das 608 Seiten dicke Buch innerhalb von 47 Minuten, um einen Bericht darüber zu schreiben.

a) Überschlage, wie viele Exemplare von Harry Potter Band 5 am ersten Tag in England verkauft wurden. Um wie viel Prozent sind die Verkaufszahlen am Erstverkaufstag bei Band 7 gestiegen?

b) Wie dick ist ein Exemplar von Harry Potter Band 5?

c) Wie viele Bücher wurden bis 2005 weltweit verkauft? Beschreibe deinen Lösungsweg.

d) Wie viele Bücher hat J. K. Rowling am Erscheinungstag des letzten Bands pro Minute signiert?

e) Wie lange brauchte die Schnellleserin Anne Jones für eine Buchseite?

AUFGABE Z 15 – STREICHHOLZMUSTER

Muster A: Stufe 1, Stufe 2, Stufe 3, Stufe 4

Muster B: Stufe 1, Stufe 2, Stufe 3, Stufe 4

a) Wie viele Streichhölzer braucht man für die Stufe 6 des Musters A? ____________________

b) In welcher Stufe besteht das Muster A aus 27 Hölzern? ____________________

c) Gib einen Term an, mit dem man die Anzahl der benötigten Hölzer für die Stufe n von Muster B berechnen kann. ____________________

d) Einer der Terme ist zur Berechnung der Gesamtzahl der benötigten Hölzer von Stufe 1 bis zur Stufe n von Muster B geeignet. Kreuze diesen an.

A $n^2 - 1$ B $3n + 2$ C $(n + 1)^2$ D $n^2 + 2n$

Aufgabe Z 16 – Zahlenfolgen

Überprüfe, ob die folgenden Aussagen stets für drei aufeinander folgende natürliche Zahlen – z. B. 15, 16 und 17 – gelten.
Gib ein Gegenbeispiel an oder begründe ausführlich.

a) In jeder dieser Folgen gibt es eine Zahl, die durch 3 teilbar ist.
b) Die Summe der drei Zahlen ist stets durch 4 teilbar.
c) Die Summe der drei Zahlen ist stets durch 3 teilbar.
d) Das Quadrat der mittleren Zahl ist immer um 1 größer als das Produkt ihres Vorgängers und Nachfolgers.
e) Das Produkt der drei Zahlen ist stets durch 6 teilbar.

Aufgabe Z 17 – Rationale Zahlen

Überprüfe die Aussagen.

a) Das Produkt $x \cdot y$ ist immer größer als 1, wenn $x > 0$ und $y > 0$.
b) Wenn x und y positiv sind, dann ist der Quotient $x : y$ immer größer als x.
c) Wenn x und y negativ sind, dann ist das Produkt $x \cdot y$ immer größer als x und größer als y.
d) Wenn $x < y$, dann ist $x : y < 1$.
e) Wenn $x < y$, dann ist $x^2 < y^2$.

Aufgabe Z 18 – Fehlerhafte Umformungen

Überprüfe die Umformungen. Markiere und korrigiere Fehler.

a) $\frac{4}{5}a + \frac{3}{5} - \frac{4}{5} = \frac{4}{5}a$
b) $15(x + 12) = 15x + 180$
c) $-9x(x - 8) = -9x^2 - 72$
d) $6a^2 + 12ab + 3a = 3a(2a + 4b)$
e) $(2x - 3y)^2 = 2x^2 - 12xy + 9y^2$
f) $169 - 4m^2 = (13 - 2m)^2$

Aufgabe Z 19 – Grundstückstausch

Familie Meier hat ein quadratisches Grundstück. Da dort ein Supermarkt gebaut werden soll, bietet man ihr ein rechteckiges Grundstück an, das auf der einen Seite 5 m länger und auf der anderen Seite 5 m kürzer ist.
Untersuche, ob der Tausch fair ist.
Erstelle eine Kopiervorlage zur Präsentation deines Lösungsweges auf Folie.

Aufgabe Z 20 – Sparen

Dominik hat 12 000,00 € geerbt, die fünf Jahre bis zu seiner Volljährigkeit anzulegen sind. Die Sparkasse macht zwei Angebote, bei denen jeweils die Zinsen mit angelegt und erst nach Ablauf der Laufzeit ausgezahlt werden. Um die Angebote zu vergleichen, hat Dominik sich mit einer Tabellenkalkulation eine Tabelle erstellt.

Zuwachssparen
1. Jahr: 3,79 %
2. Jahr: 3,80 %
3. Jahr: 3,90 %
4. Jahr: 4,00 %
5. Jahr: 4,20 %

Sparbrief
Anlagedauer:
5 Jahre
Zinsen:
4,10 % p. a.

MITTELWERT ▾ X ✓ fx =

	A	B	C	D	E	F	G	H	I
1		**Zuwachssparen**				**Sparbrief**			
2									
3	Jahr	Zinsen in %	Kapital in €	Zinsen in €		Jahr	Zinsen in %	Kapital in €	Zinsen in €
4	1	3,7	12000,00	444,00		1	4,1	12000,00	492,00
5	2	3,8	12444,00			2	4,1	12492,00	
6	3	3,9				3	4,1		
7	4	4,0				4	4,1		
8	5	4,2				5	4,1		
9									
10	**Auszahlung nach 5 Jahren:**					**Auszahlung nach 5 Jahren:**			
11									
12									
13									
14									

a) Mit welchen Formeln lassen sich jeweils die Zinsen in Zelle D5 und I5 berechnen?
b) Trage die fehlenden Zahlenwerte in den Spalten C, D, H und I ein.
c) Gib jeweils eine Formel zur Berechnung der Werte in den Zellen D10 und I10 an.
d) Dominiks Schwester rechnet das Endkapital beim Zuwachssparen wie folgt aus. Warum ist dies falsch?

$3{,}7\,\% + 3{,}8\,\% + 3{,}9\,\% + 4{,}0\,\% + 4{,}2\,\% = 19{,}6\,\%$ $\quad 12\,000\,€ \cdot \frac{19{,}6}{100} = 2\,352\,€$ $\quad 12\,000\,€ + 2\,352\,€ = 14\,352\,€$

Leitidee Messen

Aufgabe M1 – Geburtstag

Erläutere deine Vorgehensweisen.

a) Frau Mertens ist 1,68 m groß. Schätze die Größe der beiden Kinder.

b) Alex, David, Emily, Lukas, Sofie und Anne wurden nacheinander zwischen 20:30 Uhr und 21:00 Uhr von Simones Geburtstagsfeier abgeholt.
- Lukas war der Erste.
- David ging vor Emily.
- Anne blieb länger als Sofie und Alex.
- Alex fuhr kurz nach David um 20:44 Uhr weg.
- Emily war fünf Minuten länger da als Anne.

Veranschauliche mithilfe einer Strecke, wer wann ging.

Aufgabe M2 – Fehmarn

Die Karte zeigt die Insel Fehmarn.

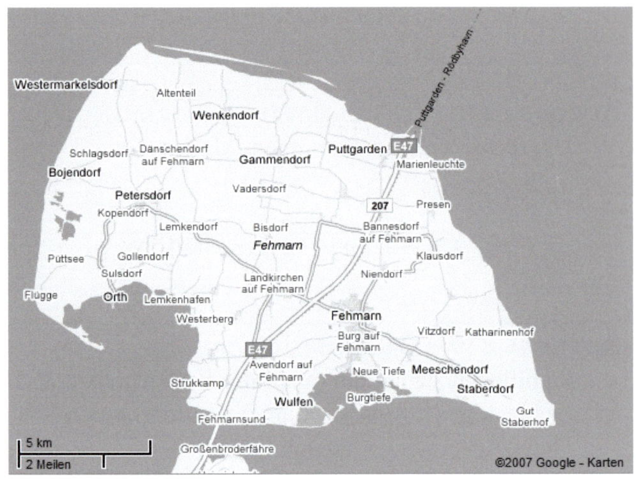

a) Bestimme näherungsweise die Größe der Insel. Erläutere, wie du vorgehst.

____

____

b) Wie weit ist Puttgarden von der Brücke zum Festland entfernt?

____

Aufgabe M3 – Grundstück

Ein Baugrundstück soll wie in der Skizze für zwei Brüder so aufgeteilt werden, dass die beiden Teilstücke gleich groß sind.
In welchem Abstand vom Punkt A soll der Vermesser den Grenzstein P setzen? Begründe.

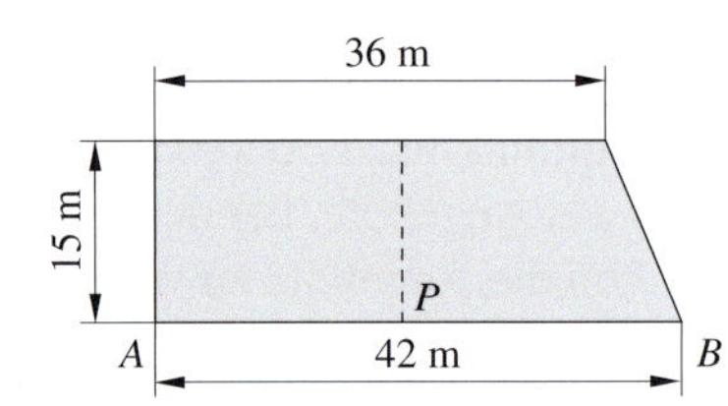

____

Aufgabe M4 – Tischgruppen

Eine Tischlerei stellt Tische für Konferenzräume her, die sich unterschiedlich zusammenstellen lassen.

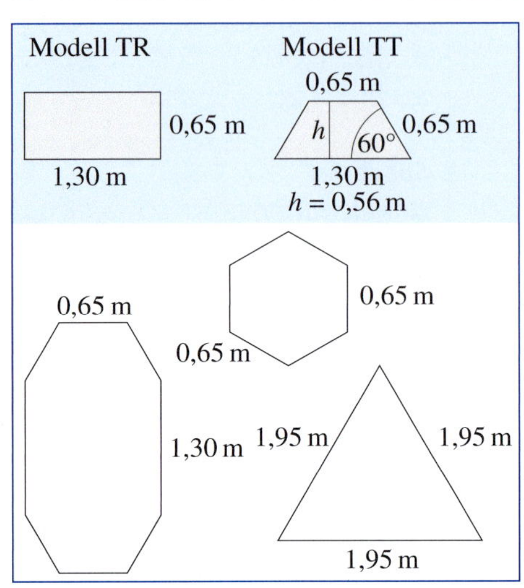

a) Wie groß sind die Tischflächen der Modelle TR und TT?

b) Die Tischkanten werden mit Umleimer („speziellem Klebeband") beschichtet. Wie viel Meter werden für jeweils einen Tisch benötigt?

c) Beim Modell TT beträgt ein Winkel 60°. Wie groß sind die anderen drei Winkel?
Begründe, warum diese Winkelgröße besonders gut geeignet ist, um größere Tischgruppen zusammenzustellen.

d) Mit den beiden Modellen können beispielsweise die unten abgebildeten Tischgruppen zusammengestellt werden.
Aus welchen Tischen bestehen diese jeweils? Zeichne entsprechende Linien ein.

Aufgabe M5 – Quader

Timo nutzte eine Tabellenkalkulation, um das Volumen und den Oberflächeninhalt von Quadern zu ermitteln.

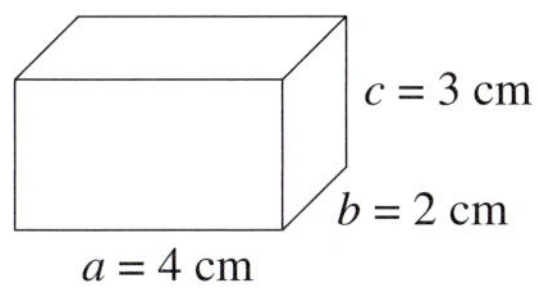

	A	B	C	D	E
1	**Länge *a* in cm**	**Breite *b* in cm**	**Höhe *c* in cm**	**Volumen in cm³**	**Oberflächeninhalt in cm²**
2	4	3	5	60	94
3	2	3	4	24	52
4	5	6	8	240	236

a) Gib das Volumen V und den Oberflächeninhalt A_O des links abgebildeten Quaders an.

$V =$ ______________________ $A_O =$ ______________________

b) Welche Formeln standen vermutlich in den Zellen D2 und E2?

D2: ______________________ E2: ______________________

c) Timo gab in Spalte A die Länge, in Spalte B die Breite und in Spalte C die Höhe des Quaders ein. Worauf musste er achten?

____

d) Zu Zelle F2 gehört die Formel =4*A2+4*B2+4*C2. Was wird damit berechnet?

____

e) Zeichne ein Schrägbild und ein Körpernetz des abgebildeten Quaders.

Aufgabe M6 – Terme

Gib jeweils einen passenden Term an und vereinfache ihn so weit wie möglich.

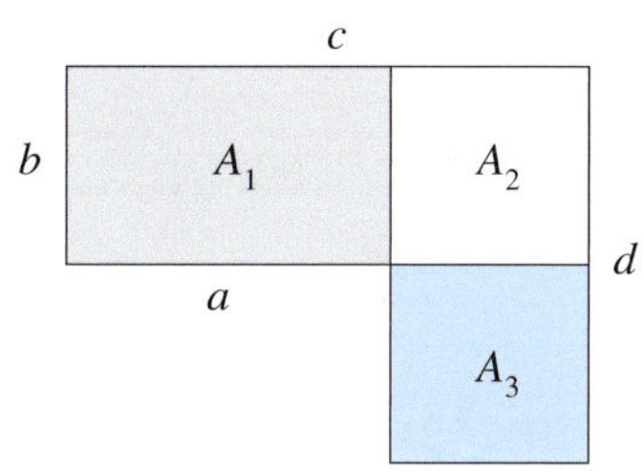

a) Flächeninhalt von A_1
b) Flächeninhalt von A_2
c) Umfang von A_2
d) Umfang von A_3
e) Was wird mit dem Term $c \cdot d - (d - b) \cdot a$ berechnet?
f) Was wird mit dem Term $2 \cdot (c - a) + 2 \cdot d$ berechnet?

Aufgabe M7 – Koordinatensystem

Zeichne ein Koordinatensystem mit der Längeneinheit 1 cm.

a) Trage die Punkte $A(-2|2)$, $B(1|0)$, $C(3|0)$, $D(4|2)$ und $E(3|6)$ ein und verbinde sie zu einem Fünfeck.
b) Gib zwei verschiedene Lösungswege zur Berechnung des Flächeninhalts des Fünfecks *ABCDE* an.
c) Trage den Punkt $F(0|6)$ ein und zeichne das Sechseck *ABCDEF*.
d) Um wie viel Prozent ist die Fläche des Sechsecks *ABCDEF* größer als die des Fünfecks *ABCDE*?

Aufgabe M8 – Zelt

David und Patrick wollen zelten. Da das Zelt schon etwas älter ist, soll es vorher imprägniert werden.

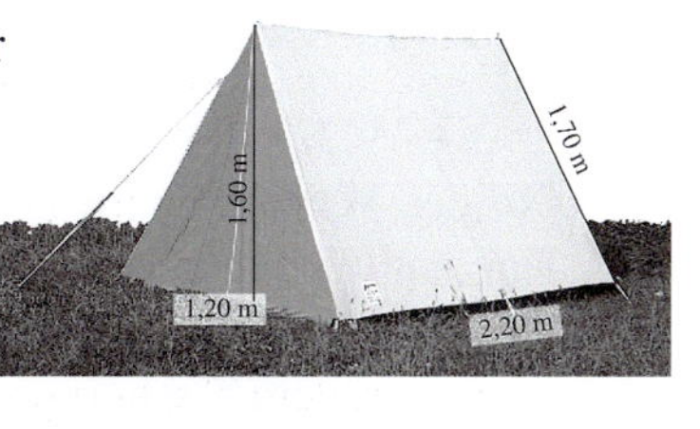

a) Wie viele Dosen werden zum Imprägnieren aller Außenwände benötigt, wenn eine Dose für $5\,m^2$ Stoff reicht?
b) Die beiden Jungen brauchen neue Luftmatratzen. Welche sollten sie kaufen? Begründe deine Empfehlung.

A Vollbox: 183 cm × 68 cm **B** Doppelbox: 185 cm × 140 cm **C** Liegematratze: 176 cm × 61 cm

c) Patricks Vater sagt: „In dem kleinen Zelt steht euch ja nicht einmal $1\,m^3$ Luft zur Verfügung.“ Hat er Recht? Begründe.

Aufgabe M 9 – Terme für Quadrate und Würfel

Mit welchem Term kann man die angegebenen Größen bestimmen?
Es sind auch mehrere Lösungen möglich.

a) Umfang von Quadraten ______

b) Flächeninhalt von Quadraten ______

c) Volumen von Würfeln ______

d) Gesamtlänge der Kanten von Würfeln ______

e) Oberflächeninhalt von Würfeln ______

$6a^2$	$4a$	a^4
$a^2 \cdot a$	a^2	a^3
$12a$	$4a + 4a + 4a$	
$a^2 + a$		$2a \cdot 3a$

Aufgabe M 10 – Zwei Grundstücke

Die Grundstücke G_1 und G_2 sollen eingezäunt werden und jeweils ein 3 m breites Tor erhalten.

a) Fertige eine Zeichnung im Maßstab 1 : 1 000 an.
b) Berechne die Gesamtkosten, wenn für 1 m Zaun 17,50 € und ein Tor 527,95 € zu zahlen sind.
c) Berechne die Flächeninhalte der Grundstücke G_1 und G_2.
Ermittle die zusätzlich benötigten Maße mithilfe deiner Zeichnung.

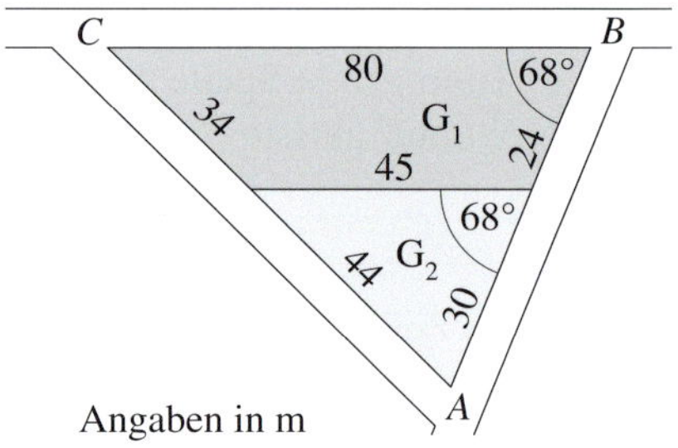

Angaben in m

Aufgabe M 11 – Winkel

Begründe, dass die Winkel α und β gleich groß sind.

______

______

______

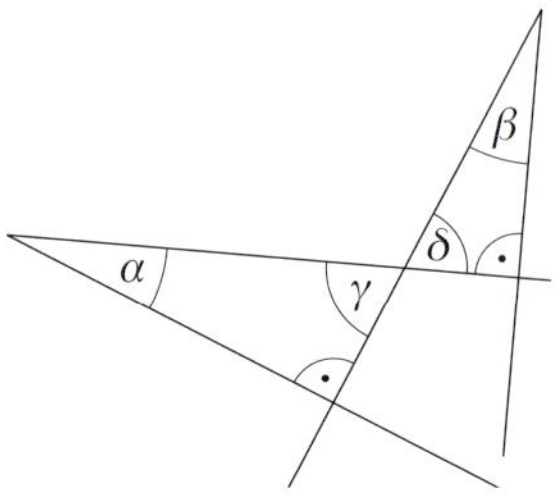

Aufgabe M 12 – Schwimmbecken

In einem Schwimmbad gibt es drei Becken mit jeweils 20 m Länge mit den folgenden Querschnitten.

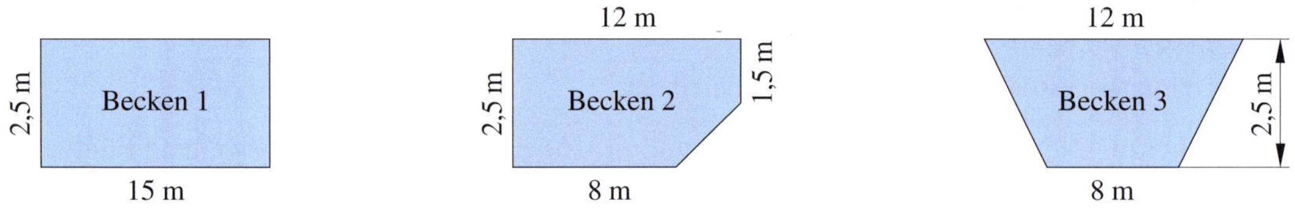

a) Berechne das Fassungsvermögen von Becken 3.
b) Wie hoch steht das Wasser in Becken 1, wenn das Becken mit 540 m³ Wasser gefüllt ist?
c) Die Wände von Becken 1 müssen neu gefliest werden. Für wie viele Quadratmeter werden Fliesen benötigt?
d) Wie lange dauert das Füllen von Becken 2, wenn pro Minute 400 Liter Wasser in das Becken laufen?

Aufgabe M 13 – Verpackungen

Für den Versand von Postern gibt es Verpackungen, deren Querschnitt trapezförmig ist. Ein Modell ist 705 mm lang und 75 mm hoch. Die parallelen Seiten des gleichschenkligen Trapezes sind 145 mm bzw. 110 mm lang.

a) Zeichne maßstabsgetreu den Querschnitt der Verpackung und gib alle Seitenlängen an.
b) Berechne das Volumen der Verpackung.
c) Wie viel Pappe wird zur Herstellung der Verpackung mindestens benötigt?
d) Passen in diesen Karton zwei zylinderförmige Reagenzgläser mit einem Durchmesser von 5 cm und einer Länge von 38 cm? Begründe deine Antwort.

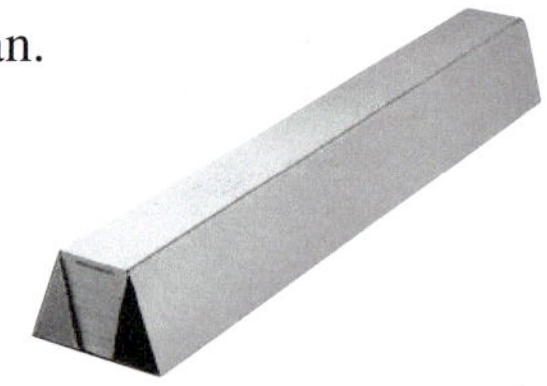

AUFGABE M 14 – FLAGGE

Betrachte die rechts abgebildete Flagge.

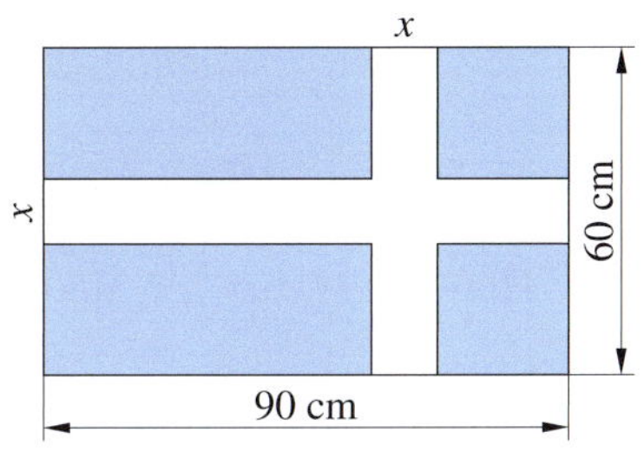

a) Wie groß ist die weiße Fläche, wenn $x = 10\,\text{cm}$ ist?

b) Gib für eine beliebige Streifenbreite x jeweils einen Term zur Berechnung der weißen bzw. der blauen Fläche an.

AUFGABE M 15 – FLÄCHENINHALT BERECHNEN

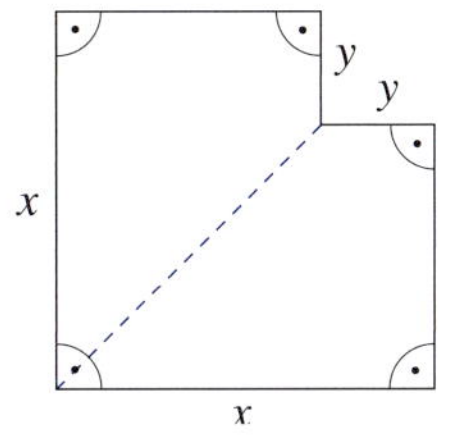

a) Berechne den Flächeninhalt der Figur, wenn $x = 14\,\text{cm}$ und $y = 5\,\text{cm}$ ist.
b) Gib zwei unterschiedliche Terme für die Berechnung des Flächeninhalts an.
c) Laura behauptet: „Der Flächeninhalt der Figur ist genauso groß wie der eines Rechtecks mit einer Seite der Länge $x + y$ und einer Seite der Länge $x - y$.“
Was meinst du dazu? Begründe deine Meinung.

AUFGABE M 16 – TREPPE

Die abgebildete Treppe wurde aus Beton mit einer Dichte von $2{,}1\,\frac{\text{g}}{\text{cm}^3}$ gegossen.

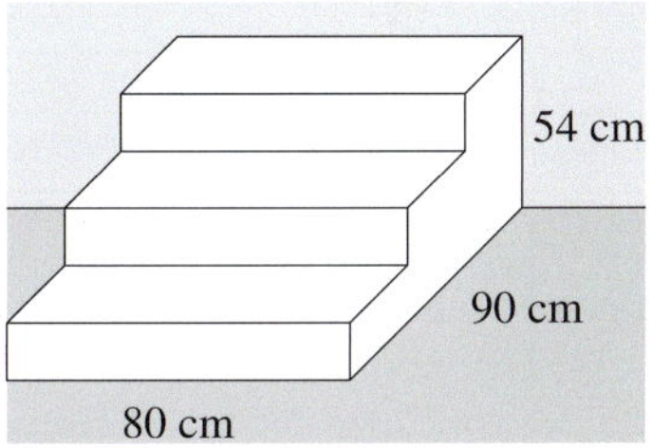

a) Wie schwer ist die Treppe?
b) Die Treppenstufen sollen mit Teppich belegt werden, so dass auf den Trittflächen kein Beton zu sehen ist.
Wie viele Quadratmeter Teppich werden benötigt?
Gib zwei Möglichkeiten an und erläutere diese.

AUFGABE M 17 – MAẞE EINES GRUNDSTÜCKES

Das Grundstück hat einen Flächeninhalt von $425\,\text{m}^2$. Zwei Seiten haben die gleiche Seitenlänge x. Die Grundstücksgrenzen verlaufen jeweils parallel bzw. senkrecht zueinander.

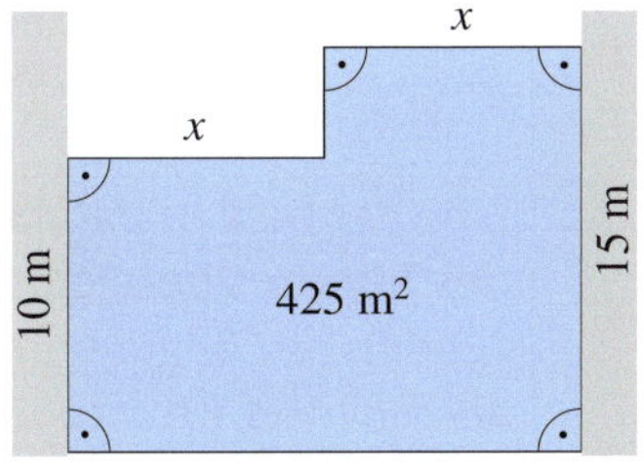

a) Bestimme die Länge der Seite x mithilfe einer Gleichung.
b) Berechne den Umfang des Grundstücks.

AUFGABE M 18 – SCHOKOLADENVERPACKUNG

Eine Schokoladenverpackung hat die Form eines Prismas, dessen Grundfläche ein gleichseitiges Dreieck ist.

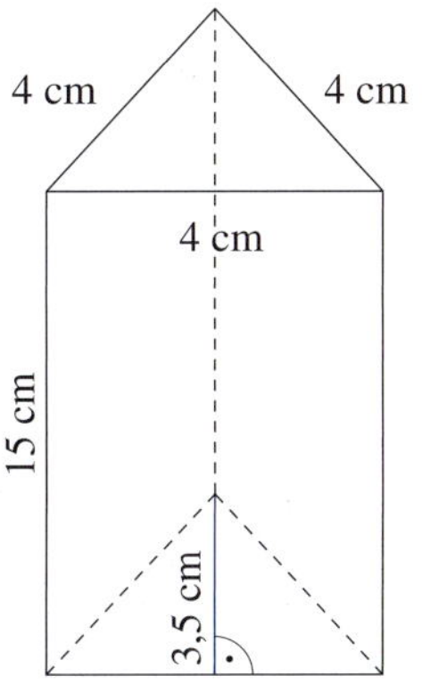

a) Wie viel Quadratzentimeter Karton benötigt man, um die abgebildete Verpackung herzustellen, wenn die Klebekanten nicht berücksichtigt werden?
b) Welche Seitenlängen muss ein Rechteck mindestens haben, damit man das Körpernetz des Prismas daraus herstellen kann?
c) Wie viel Prozent ist Verschnitt, wenn eine Verpackung aus einem $264\,\text{cm}^2$ großen Rechteck gefertigt wird?
d) Berechne das Volumen einer Verpackung.
e) Wie verändert sich das Volumen, wenn man die Grundfläche beibehält und die Höhe der Verpackung verdoppelt?
f) Daniel behauptet: „Wenn man die Länge der Schachtel um 50 % erhöht, dann benötigt man auch 50 % mehr Pappe.“
Überprüfe seine Behauptung.

Leitidee Raum und Form

Aufgabe RF1 – Herz

Der folgende „Film“ zeigt, wie du ein Herz mit Zirkel und Geodreieck zeichnen kannst.
Hinweis: M_1 bzw. M_2 sind die Mittelpunkte der Strecken $\overline{AD}$ bzw $\overline{CD}$.

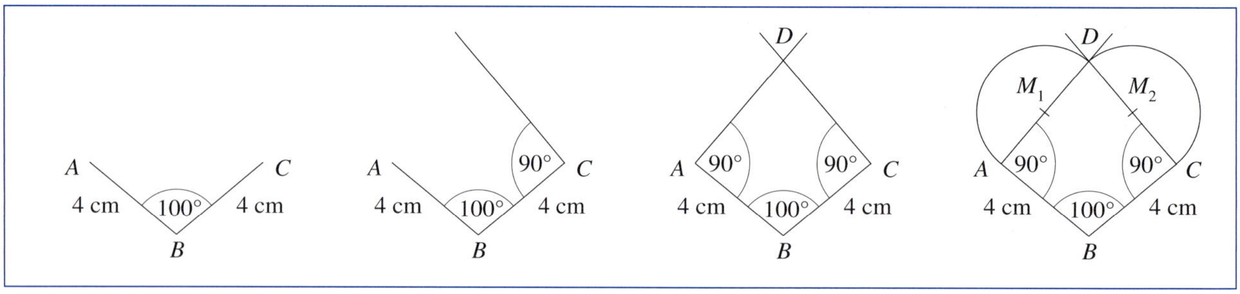

a) Konstruiere das Herz, wie es in dem Film gezeigt wird.

b) Wie groß ist der Winkel δ im Viereck *ABCD*?

____

c) Nenne mindestens drei Eigenschaften des Vierecks *ABCD*.

d) Welche Form hätte das Viereck *ABCD*, wenn $\beta = 90°$ wäre? Begründe.

Aufgabe RF2 – Raute und Trapez

Trapez (Geometrie)

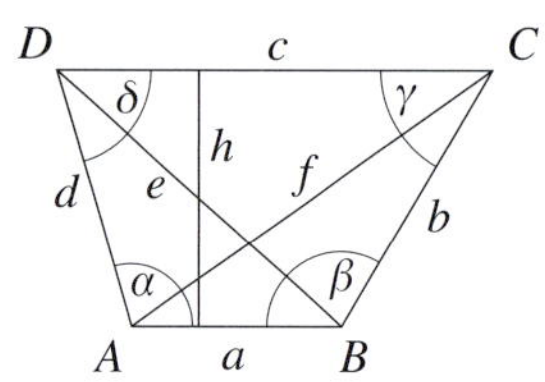

In der **Geometrie** ist ein **Trapez** ein ebenes **Viereck** mit zwei parallel zueinander liegenden Seiten.

Eine der beiden parallelen Seiten wird oft als *Basis* des Trapezes bezeichnet, und die beiden angrenzenden (im Allgemeinen nicht parallelen) Seiten als *Schenkel*. Im Trapez gibt es zwei Paare benachbarter **Supplementwinkel** (das heißt die Winkel ergänzen einander auf *180* **Grad**). ...

Die *Höhe h* des Trapezes ist der Abstand zwischen den zwei parallelen Seiten.

Jedes Trapez besitzt zwei **Diagonalen**, die einander schneiden.

Raute (Geometrie)

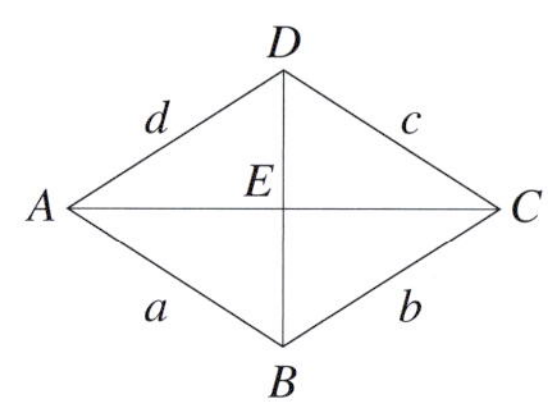

Eine *Raute* oder ein *Rhombus* ist ein ebenes **Viereck** mit vier gleich langen Seiten (*gleichseitiges Viereck*).

Für jede Raute gilt:

Die beiden Diagonalen sind **Symmetrieachsen**.
Gegenüberliegende Seiten sind **parallel**.
Die **Diagonalen** stehen aufeinander **senkrecht** und halbieren einander.

Gegenüberliegende **Winkel** sind gleich groß.
Benachbarte Winkel ergänzen einander auf 180°.
Jeder Innenwinkel wird durch eine Diagonale halbiert.
Eine Raute besitzt einen **Inkreis**.

(nach Artikeln des Internetlexikons Wikipedia)

a) Stell dir vor, du sollst einer Gruppe mithilfe einer Folie die Unterschiede und Gemeinsamkeiten von Trapez und Raute erläutern und hast in Internetlexika obige Informationen gefunden.
Erstelle eine Kopiervorlage für eine Folie zum Vortrag.

b) Nach deinem Vortrag werden Fragen gestellt. Beantworte diese möglichst präzise.
Kevin: „Ist nicht auch jede Raute ein gleichschenkliges Trapez?“
Sarah: „Warum ergeben beim Trapez und bei der Raute jeweils zwei Winkel zusammen 180°?“
Niko: „Gibt es einen anderen Namen für ein Trapez mit vier gleich großen Winkeln?“
Sabine: „Wie nennt man eine Raute, bei der die Diagonalen gleich lang sind?“

Aufgabe RF 3 – Steigung von Straßen

Steigungen von Straßen werden in Prozent angegeben. 7 % Steigung bedeutet, dass auf 100 m Horizontalentfernung 7 m Höhenunterschied überwunden werden. Der Winkel α wird als Steigungswinkel bezeichnet.

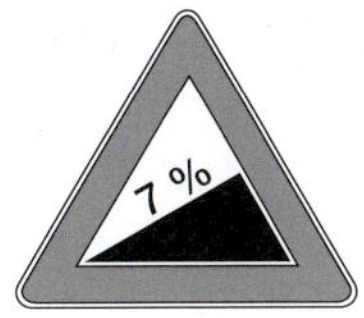

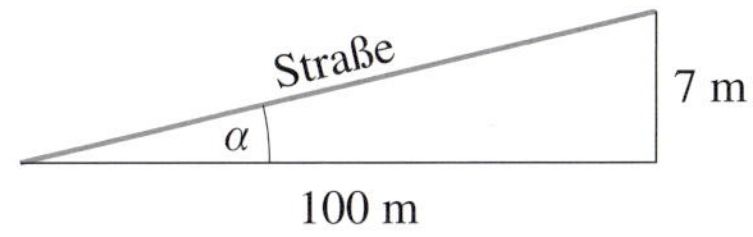

a) Ermittle mithilfe einer maßstäblichen Zeichnung die Größe des Winkels α bei einer Steigung von 7 %.
b) Die Steigung eines 450 m langen Straßenstücks beträgt 15 %. Welcher Höhenunterschied liegt vor?
c) Ergänze die Tabelle und bestimme die Steigung dieser Straße in Prozent.

Horizontalunterschied	25 m	40 m	50 m		
Höhenunterschied	3 m	4,8 m		24 m	36 m

Die Steigung der Straße beträgt ________________.

Aufgabe RF 4 – Viereck im Viereck

Mit dynamischer Geometriesoftware wurde ein Viereck $ABCD$ gezeichnet und die Mittelpunkte der Seiten markiert. Anschließend sind die Mittelpunkte zu einem Viereck verbunden worden. Durch „Ziehen" an den Ecken veränderte sich die Figur.

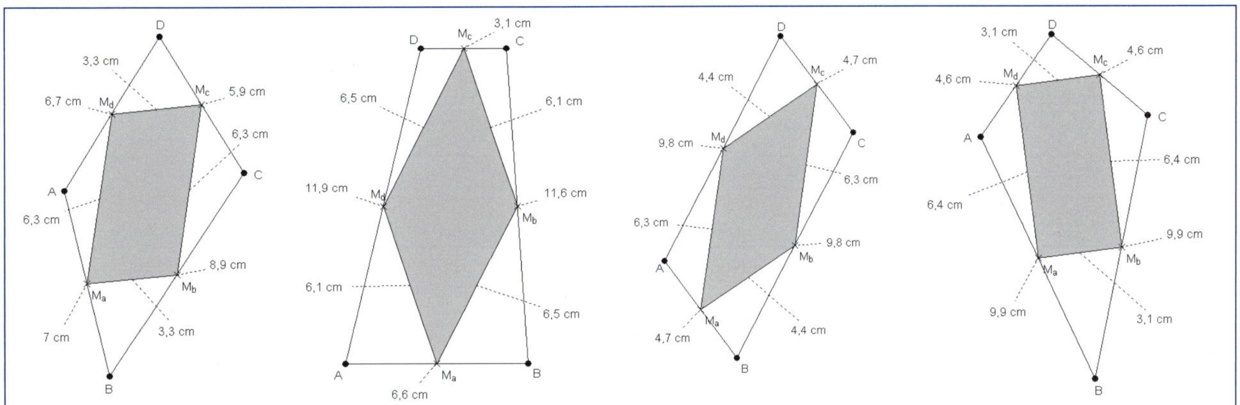

Bild 1 Bild 2 Bild 3 Bild 4

a) Welche Eigenschaften haben alle dargestellten Mittenvierecke? Begründe deine Antwort.
b) Beurteile die Behauptungen.

Das Viereck $ABCD$ in Bild 4 ist ein Drachenviereck.	☐ wahr	☐ falsch
Das Viereck $ABCD$ in Bild 1 ist eine Raute.	☐ wahr	☐ falsch
Das Mittenviereck in Bild 2 ist eine Raute.	☐ wahr	☐ falsch
Alle Mittenvierecke sind achsensymmetrisch.	☐ wahr	☐ falsch
Die Diagonalen der Mittenvierecke halbieren sich jeweils.	☐ wahr	☐ falsch

c) Ergänze die folgenden Vermutungen:

Das Mittenviereck eines Trapezes ist ________________________________

Das Mittenviereck eines Drachenvierecks ist ________________________________

Das Mittenviereck eines Parallelogramms ist ________________________________

d) Konstruiere eine Raute und ihr Mittenviereck. Welche Form hat es?
e) Konstruiere verschiedene Mittendreiecke und formuliere einen Merkhefteintrag zu Mittendreiecken.

____

____

Aufgabe RF 5 – Magisches Fünfeck

Ein Fünfeck, bei dem alle Seiten gleich lang und alle Winkel gleich groß sind, bezeichnet man als regelmäßiges Fünfeck oder Pentagon. Das abgebildete Fünfeck wurde mit einem Geometrieprogramm gezeichnet.

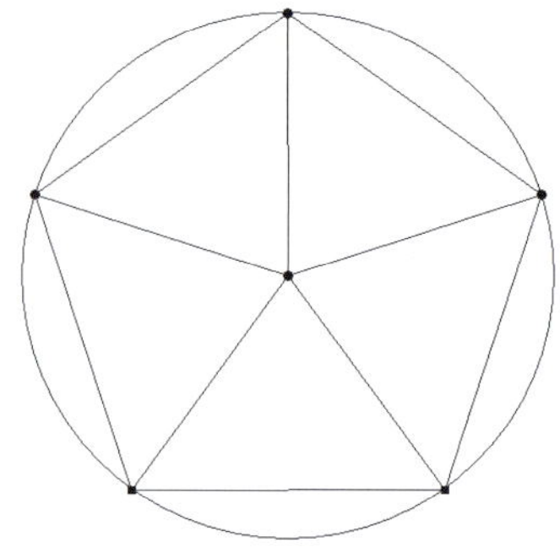

a) Gib die Größen aller Innenwinkel des Fünfecks an.
b) Erläutere, wie das Fünfeck erzeugt werden kann.
c) Zeichne ein regelmäßiges Fünfeck mit 4 cm langen Seiten.
d) Zeichne die fünf Diagonalen ein, sodass ein fünfzackiger Stern entsteht. Berechne die Größe der Innenwinkel an den fünf Zacken des Sterns.

Aufgabe RF 6 – Dynamische Geometrie-Software

Um die Punkte A und B wurden Kreise mit dem Radius $\overline{PQ}$ gezeichnet. Die gemeinsame Länge des Radius wurde danach mit dem Zugmodus verändert. Die Punkte C und D sind jeweils die Schnittpunkte der Kreise.

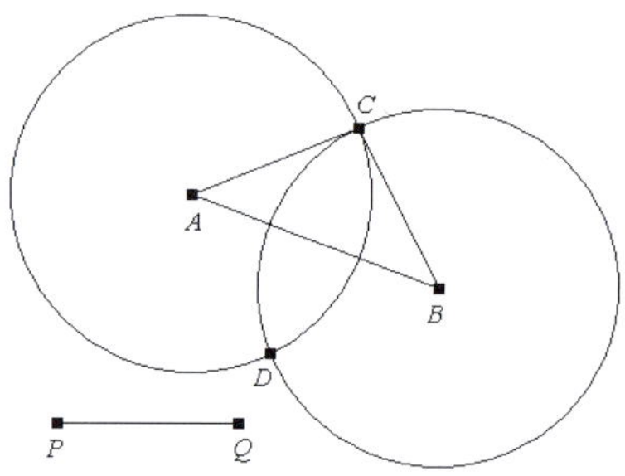

a) Nenne Eigenschaften der Dreiecke ABC.
b) Ist jeder Punkt S, der auf der Geraden CD liegt, gleich weit von den Punkten A und B entfernt? Begründe deine Antwort.
c) Unter welcher Bedingung schneiden die Kreise um A und um B einander nicht?
d) Stell dir vor: E und F sind zwei 5 km voneinander entfernte Orte. Vom Ort G sind es 6 km bis zu E und 7 km bis zu F. Es soll ein Schwimmbad errichtet werden, das von allen drei Orten gleich weit entfernt ist. Beschreibe, wie man den Standort ermitteln kann.

Aufgabe RF 7 – Fibonacci-Spirale

Einige Schneckengehäuse sind spiralförmig aufgebaut. Die Form bezeichnet man auch als Fibonacci-Spirale. Diese besteht aus Viertelkreisbögen, die jeweils in einem Quadrat liegen. Die Bilder zeigen die Konstruktion der Fibonacci-Spirale.

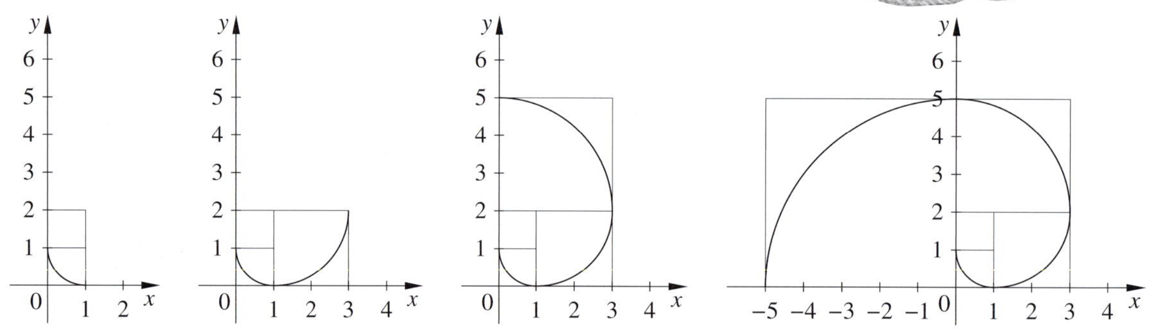

a) Führe die Konstruktion durch und ergänze einen weiteren Viertelkreisbogen.
b) Die Seitenlängen der Quadrate verändern sich nach einem bestimmten Gesetz. Wie lang müssten sie sein? Begründe deine Ergebnisse.

Nummer des Quadrates	1	2	3	4	5	6	7	8	9	10
Seitenlänge in cm	1									

c) Schätze, wie lang die gesamte Spirale im letzten Bild ist. Beschreibe deine Vorgehensweise.

____

____

Leitidee Funktionaler Zusammenhang

Aufgabe FZ 1 – Apfelsaft

Eine Firma stellt von ¾-l-Packungen Apfelsaft auf 0,7-l-Flaschen um.

a) Welcher Saft ist preiswerter? Begründe.

b) Im letzten Jahr wurden 125 000 Packungen Apfelsaft verkauft. Wie viele Kisten Apfelsaft mit je 12 Flaschen können voraussichtlich verkauft werden, wenn die Absatzmenge gleich bleibt?

¾ l 0,89 €   0,7 l 0,79 €

Aufgabe FZ 2 – Kerzen

Zwei verschieden geformte Kerzen aus dem gleichen Material brannten ab. Wie sich die Höhe veränderte, wurde im Diagramm veranschaulicht.

a) Gib die Brenndauer der beiden Kerzen an.

b) Beschreibe die Form jeder Kerze.

c) Eine 18 cm hohe, zylinderförmige Kerze hat eine Brenndauer von 20 Stunden. Sie brennt gleichmäßig ab. Welche der Funktionsgleichungen beschreibt ihren Abbrennvorgang? Kreuze an und begründe.

A $y = 18 - 20x$	B $y = 20 - 18x$
C $y = 18 - 0{,}9x$	D $y = 20 - 0{,}9x$
E $y = 18 + 0{,}9x$	F $y = 18 - 0{,}2x$

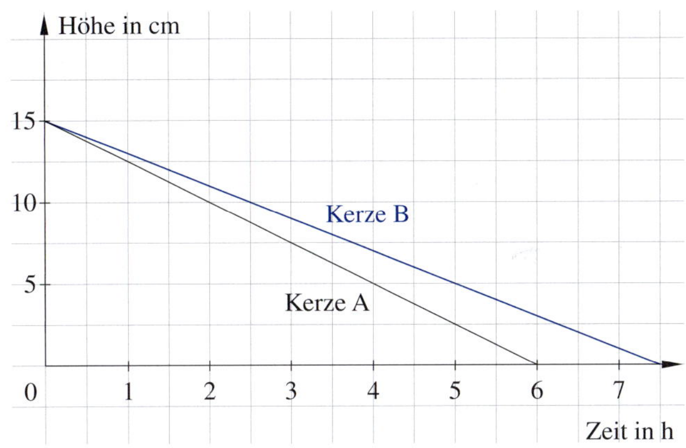

Aufgabe FZ 3 – Stifte

Für fünf Filzstifte und drei Gelstifte hat Sabrina 8,80 € gezahlt.

a) Wie viel Euro kann ein Stift jeder Sorte gekostet haben? Gib zwei unterschiedliche Möglichkeiten für die Preise beider Stiftsorten an.

b) Sabrinas Freundin Katharina meint, dass jeder Filzstift 1,20 € gekostet hätte. Überprüfe, ob das sein kann.

c) Wie viel kostete ein Stift jeder Sorte, wenn die Gelstifte doppelt so teuer wie die Filzstifte waren?

Aufgabe FZ 4 – Wasserverbrauch

In Deutschland werden durchschnittlich pro Kopf täglich 129 l Wasser verbraucht. Das nebenstehende Kreisdiagramm wurde mit einer Tabellenkalkulation erstellt.

a) Welche Literangaben standen in den Zellen B3 und B6?

Zelle B3: __________   Zelle B6: ____________

b) Wie viel Kubikmeter Wasser benötigt eine vierköpfige Familie pro Jahr für Toilettenspülungen? Notiere deine Rechnung.

____

c) Wie viel Liter Wasser werden täglich durch einen tropfenden Wasserhahn, aus dem pro Minute ca. 20 Tropfen kommen, vergeudet? Beschreibe, wie du die Aufgabe löst.

	A	B
1	Wasserverbrauch für	Verbrauch pro Kopf in l
2	Toilettenspülung	41,28
3	Duschen & Baden	
4	Wäsche waschen	15,48
5	Putzen & Blumen gießen	15,48
6	Geschirr spülen	
7	Trinken & Kochen	2,58
8	Gesamtverbrauch:	129
9		
10		
11		
12		
13		
14		
15		
16		
17		
18		
19		

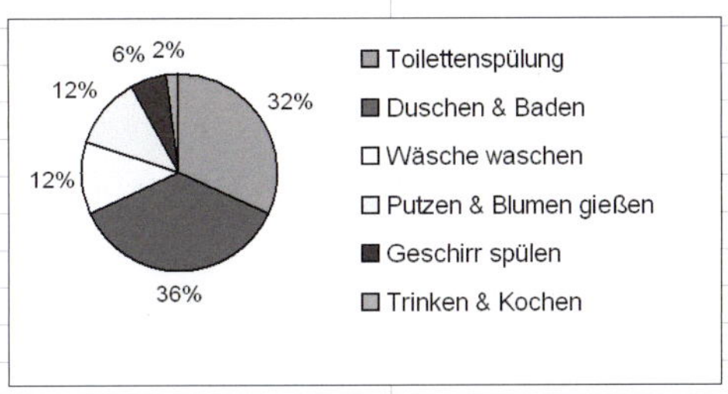

Aufgabe FZ 5 – Dollarkurs

Sarah besucht ein Jahr lang eine Schule in den USA. Um mit der Währungsumrechnung klarzukommen, hat sie sich ein Tabellenkalkulationsblatt angelegt, in das der jeweils aktuelle Kurs eingetragen werden kann.

	A	B	C	D	E
1	Kurs in Dollar/Euro:			1,34881	
2	Kurs in Euro/Dollar:			0,74360	
3					
4	Preis in €	Preis in $		Preis in $	Preis in €
5	5	6,74		10	7,44
6	10	13,49		20	14,87
7	15	20,23		30	22,31
8	20	26,98		40	29,74
9	25	33,72		50	37,18
10	30	40,46		60	44,62
11					
12					
13					
14					

a) Mit welcher Formel wird der Preis in Dollar in Zelle B5 berechnet?

____

b) Erkläre, warum die Dollarbeträge in den beiden unteren Tabellen nur zwei Nachkommastellen besitzen, obwohl der Kurs mit fünf angegeben ist.

c) Sarah hat in die Zelle A5 den Startwert 5 eingegeben. In Zelle A6 hat sie =A5+5 eingegeben. Das Programm hat dann die Zellen A7 bis A10 automatisch ausgefüllt, da sie den Eckpunkt des umrandeten Felds A6 bis zur Zelle A10 „herunter gezogen hat.“

Welche Formel hat Sarah in Zelle D6 eingegeben, um die Zellen D7 bis D10 auszufüllen? ____________

d) Rechne die folgenden Beträge in die jeweils andere Währung um.

18 € = ________ 25 $ = ________ 127,50 € = ________ 999,75 $ = ________

Aufgabe FZ 6 – Gleichungen

Bestimme die Lösungen der folgenden Gleichungen.

(1) $4x + 24 = 12$ (2) $5 - y = 16 - 2y$ (3) $8x = 4(3 + 2x)$ (4) $x(2 - x) = -x^2 - 1$

Aufgabe FZ 7 – Teilen

Frau Tekolf möchte eine Packung Waffeln unter ihren Kindern aufteilen. Sie stellt fest, dass drei übrig bleiben, falls sie jedem Kind drei Waffeln gibt. Wenn sie aber jedem Kind vier Waffeln geben will, dann fehlt ihr eine.

a) Wie viele Kinder hat Frau Tekolf?
Finde die Lösung mithilfe einer Gleichung oder durch Probieren.

b) Wie viele Waffeln sind in der Packung?

c) Die Töchter Pia und Lena bekamen Geld geschenkt. Wie viel Euro erhält jede der beiden, wenn Pia die Hälfte des Geldes und Lena ein Drittel bekommt und 250,00 € für ein Kinderheim gespendet wird?

Aufgabe FZ 8 – Mobilfunk

Ein Mobilfunkunternehmen bietet die folgenden Tarife an.

	Fair Talk	Fun Net	Flatrate
monatlicher Grundpreis	4,95 €	–	35,00 €
Preis pro Minute	0,10 €	0,15 €	–

a) Wie hoch sind jeweils die Kosten, wenn man vier Stunden im Monat telefoniert?

b) Gib jeweils eine Gleichung an, mit der man die monatlichen Kosten berechnen kann.
(x: Anzahl der Minuten; y: Gesamtpreis in €)

c) Veranschauliche alle Tarife in einem Koordinatensystem.

d) Wie viele Minuten kann man bei den Tarifen Fair Talk und Fun Net für 15,00 € telefonieren?

e) Welchen Tarif sollte man wählen, wenn man ca. $1\frac{3}{4}$ h im Monat telefoniert? Begründe.

f) Bei welcher monatlichen Telefonzeit lohnt sich die Flatrate?

Aufgabe FZ 9 – Wasserbecken

Ein Wasserbecken wird durch 8 gleich starke Pumpen in 9 Stunden gefüllt.

a) Wie lange dauert das Füllen, wenn nur 6 Pumpen in Betrieb sind?

b) Wie viele Pumpen benötigt man, um das Becken in 4 Stunden zu füllen?

c) Nach 3 h fallen 2 Pumpen aus. Wie lange laufen die restlichen Pumpen danach noch?

AUFGABE FZ 10 – BENZINVERBRAUCH

Das Diagramm zeigt, wie viele Liter Benzin sich während einer Autobahnfahrt im Tank eines Autos befinden.

a) Wie viele Kilometer hat das Auto bis zum ersten Tankstopp zurückgelegt?
b) Gib an, wie viele Liter Benzin beim ersten Tankstopp getankt wurden.
c) Berechne den Benzinverbrauch pro 100 km zwischen dem ersten und dem zweiten Tankstopp.
d) Berechne den Benzinverbrauch pro 100 km für die gesamte Strecke.

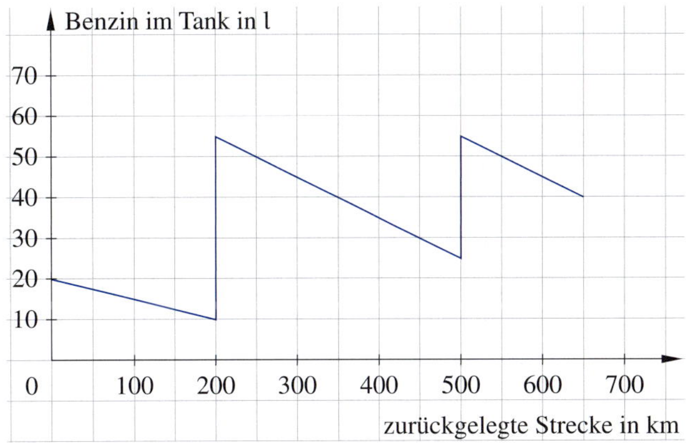

AUFGABE FZ 11 – SCHWIMMBAD

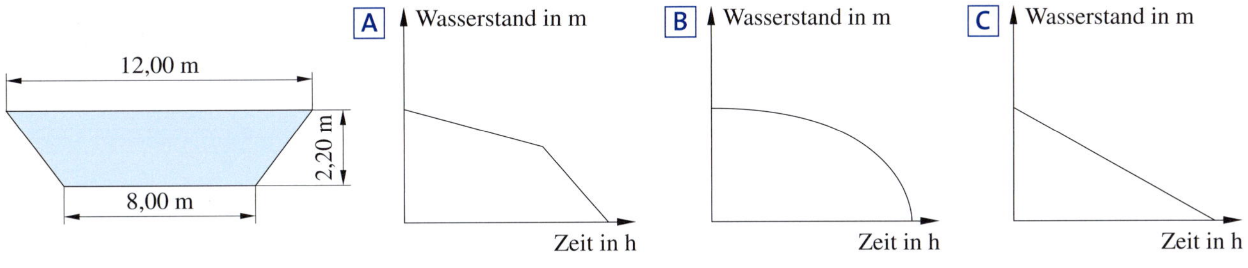

a) Die Abbildung links zeigt den Querschnitt eines vollständig gefüllten Schwimmbeckens. Das Becken wird durch zwei Pumpen gleichmäßig leer gepumpt.
Welcher der Graphen passt dazu? Kreuze an und begründe.
Skizziere zu den anderen zwei Graphen ein passendes Schwimmbecken.
b) Das oben abgebildete Becken hat eine Länge von 15 m. Wie lange dauert es, bis die beiden Pumpen das Becken leer gepumpt haben, wenn jede Pumpe pro Minute 110 l abpumpt?

AUFGABE FZ 12 – TAXI

Taxitarif Aachen	
Grundgebühr	2,30 €
Tarif 1 (pro km) werktags von 6–22 Uhr	1,30 €
Tarif 2 (pro km) werktags von 22–6 Uhr Sonn - u. Feiertags	1,40 €

Taxitarif Köln	Tag (6–22 Uhr)	Nacht (22–6 Uhr) Sonn- und Feiertage
Grundgebühr	2,20 €	2,20 €
Preise je km		
– bis 5 km	1,45 €	1,55 €
– jeder weitere km	1,30 €	1,40 €

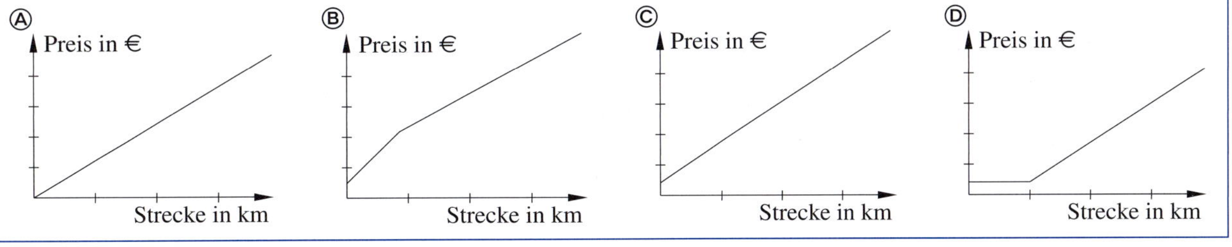

a) Wie viel Euro kostet eine 12 km lange Taxifahrt am Montagnachmittag in Aachen?
b) Herr Pecht hat nur noch 20 €. Wie weit kann er in Aachen mit einem Taxi am Sonntag fahren?
c) Vergleiche die Kosten für eine Taxifahrt von 8 km in Aachen und in Köln an einem Mittwochvormittag.
d) Welche der Graphen passen zu den Werktagstarifen (6–22 Uhr) in Aachen und in Köln?
e) Beschreibe die Tarife, die zu den nicht bei d) ausgewählten Graphen gehören.

AUFGABE FZ 13 – WANDERUNG

Das Diagramm veranschaulicht eine 24 km lange Wanderung von Herrn Wiechert.

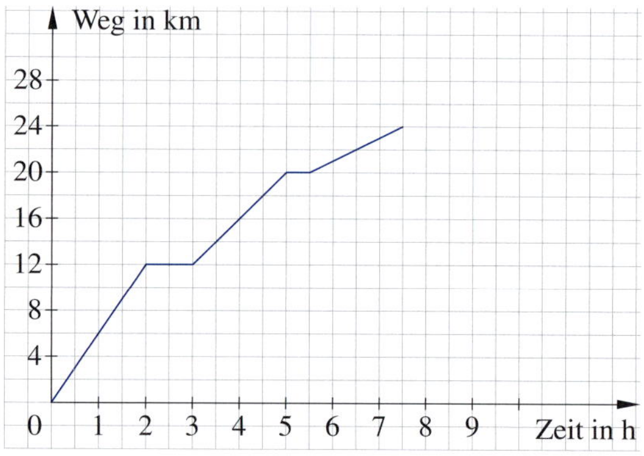

a) Beschreibe möglichst genau den dargestellten Verlauf der Wanderung. Berücksichtige dabei die Dauer, die Pausen und die unterschiedlichen Geschwindigkeiten.

b) Zeichne in das Diagramm den Verlauf der Wanderung von Herrn Schmidt ein.
Er startete um 9:00 Uhr, eine halbe Stunde später als Herr Wiechert. In den ersten $2\frac{1}{2}$ h legte er 10 km zurück. Danach folgte eine halbstündige Pause. Anschließend ging es mit 5 km pro Stunde zügig weiter.

c) Wann begegneten sich die beiden Wanderer?

d) Wann erreichte Herr Schmidt das Ziel?

AUFGABE FZ 14 – BUSFAHRT

In einem Bus sitzen Kinder und Erwachsene. Die Erwachsenen nehmen $\frac{2}{5}$ der Sitzplätze ein. Die Kinder besetzen fünf Plätze mehr als die Erwachsenen. Sechs Plätze bleiben leer. Wie viele Sitzplätze hat der Bus?

____

____

AUFGABE FZ 15 – BAUGRUNDSTÜCK

Entlang zweier Ränder einer quadratischen Rasenfläche wird ein 1 m breiter Bürgersteig angelegt. Dadurch wird sie um 50 m² kleiner.
Berechne, welche Größe die Rasenfläche vorher hatte.

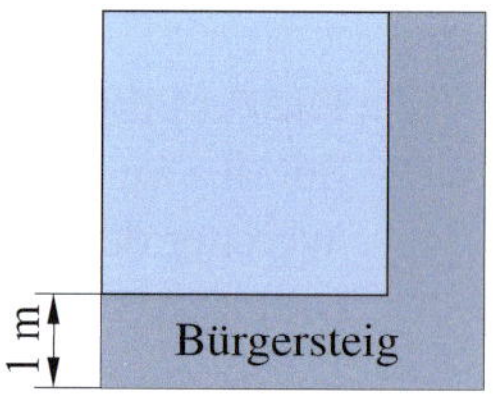

AUFGABE FZ 16 – AUTOKAUF

Ein Automodell wird mit Diesel- und Benzinmotor angeboten. Die Anschaffungspreise sind gleich.
Der Hersteller gibt folgende zu erwartende Kosten an.

	Benzinmotor	Dieselmotor
monatliche Fixkosten (Steuer, Versicherung, Wartung)	190 €	210 €
durchschnittlicher Kraftstoffverbrauch pro 100 km	6,5 l	5 l

a) Vervollständige die Tabelle. Berücksichtige jeweils die Angaben des Herstellers.

monatlich gefahrene Strecke	400 km	600 km	800 km	1000 km
Gesamtkosten beim Auto mit Benzinmotor, wenn 1 l Super 1,20 € kostet.				
Gesamtkosten beim Auto mit Dieselmotor, wenn 1 l Diesel 1,08 € kostet.				

b) Schreibe für das Auto mit Benzinmotor und das Auto mit Dieselmotor eine Funktionsgleichung zur Berechnung der monatlichen Gesamtkosten auf, wobei jeweils x die Anzahl der monatlich gefahrenen Kilometer und $f(x)$ die monatlichen Gesamtkosten in Euro angibt.

c) Veranschauliche die Gesamtkosten mithilfe zweier Graphen in einem Koordinatensystem.

d) Ist der Dieselmotor oder der Benzinmotor zu empfehlen, wenn pro Monat 700 km zurückgelegt werden?

e) Berechne, ab welcher monatlich zurückgelegten Strecke ein Auto mit Dieselmotor günstiger ist.

f) Zu den monatlichen Festkosten zählt die Kraftfahrzeugsteuer. Beschreibe, wie sich eine Erhöhung der Kraftfahrzeugsteuer für Benzinfahrzeuge auf die Antwort zur Teilaufgabe e) auswirkt.

Leitidee Daten und Zufall

Aufgabe DZ 1 – Spenden

Die Schüler der Klasse 8d haben an sieben aufeinander folgenden Tagen Spenden für ein Hilfsprojekt gesammelt. Die Tabelle zeigt, wie viel an den einzelnen Tagen gespendet wurde.

	Mo	Di	Mi	Do	Fr	Sa	So
Sarah	**25,00 €**	**30,00 €**	**17,00 €**	**26,00 €**	**34,00 €**	**15,00 €**	**21,00 €**
Yasemin	**31,00 €**	**24,00 €**	**10,00 €**	**21,00 €**	**29,00 €**	**41,00 €**	**?**
Patrick							

a) Ermittle das arithmetische Mittel und den Median (Zentralwert) von Sarahs Spendensammlung.

b) Wie viel Euro hätte Sarah am Freitag sammeln müssen, damit Mittelwert und Median übereinstimmen?

c) Yasemin hat durchschnittlich 27,00 € pro Tag gesammelt. Wie viel sammelte sie am Sonntag?

d) Patrick sammelte im Durchschnitt 25,00 € pro Tag. Der Median ist 28,00 €. Trage mögliche Beträge ein.

Aufgabe DZ 2 – Lieblingsballsportarten

Schüler der 8. Klassen wurden nach ihrer Lieblingsballsportart gefragt. Die Ergebnisse stehen in der Tabelle.

Lieblings-ballsportart	Fuß-ball	Basket-ball	Volley-ball	Hand-ball
absolute Häufigkeit	40	36	20	24

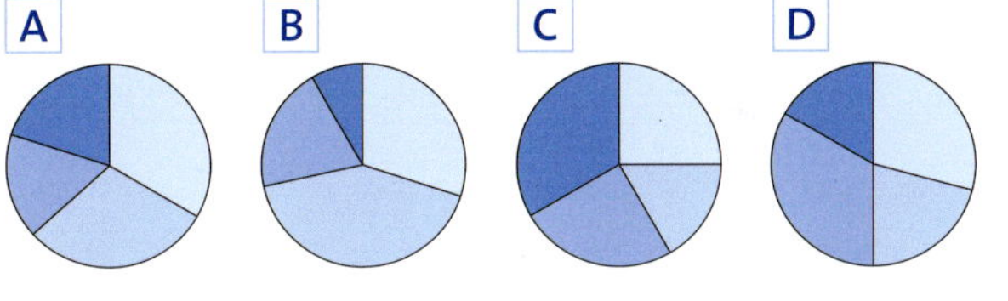

a) Welches der vier Diagramme passt zu dem Umfrageergebnis? Begründe.
b) Erstelle ein Säulendiagramm, das die Umfrageergebnisse veranschaulicht.

Aufgabe DZ 3 – Fußballweltmeisterschaft 2006

Bei der Fußballweltmeisterschaft 2006 gab es in der Gruppenphase 8 Gruppen mit jeweils 4 Mannschaften. Jede Mannschaft spielte einmal gegen alle anderen Gruppenteilnehmer.
Die Tabelle zeigt, wie viele Tore pro Spiel in der Gruppenphase und nach der Gruppenphase gefallen sind.

Tore pro Spiel	0	1	2	3	4	5	6	7	8	9	10
Spiele in der Gruppenphase	**4**	**9**	**14**	**9**	**8**	**2**	**2**	**0**	**0**	**0**	**0**
Spiele nach der Gruppenphase	**0**	**5**	**2**	**4**	**3**	**0**	**0**	**0**	**1**	**0**	**1**

a) Wie viele Spiele fanden in der Gruppenphase statt?
b) Wie viele Spiele fanden während der WM statt?
c) Gib die durchschnittliche Anzahl der Tore pro Spiel in der Gruppenphase an.
d) Veranschauliche in einem Säulendiagramm die Anzahl der Tore pro Spiel in und nach der Gruppenphase.
e) Erläutere, warum nach der Gruppenphase – d. h. ab dem Achtelfinale – relativ viele Tore gezählt wurden. Welche Auswirkungen hatte dies auf die durchschnittliche Anzahl der Tore pro Spiel während der WM?

Aufgabe DZ 4 – Blutgruppen

Das Kreisdiagramm zeigt die Verteilung der Blutgruppen in der deutschen Bevölkerung. Jährlich werden in Deutschland ca. 5 Millionen Blutspenden benötigt. Menschen der Blutgruppe AB können rote Blutkörperchen von Spendern aller Blutgruppen empfangen, da bei dieser Blutgruppe weder Antikörper gegen die Blutkörperchenoberfläche der Gruppe B noch gegen die der Gruppe A vorhanden sind. Menschen mit der Blutgruppe 0 können nur rote Blutkörperchen der Blutgruppe 0 empfangen, da sie sowohl gegen rote Blutkörperchen der Blutgruppe A als auch B Antikörper besitzen.

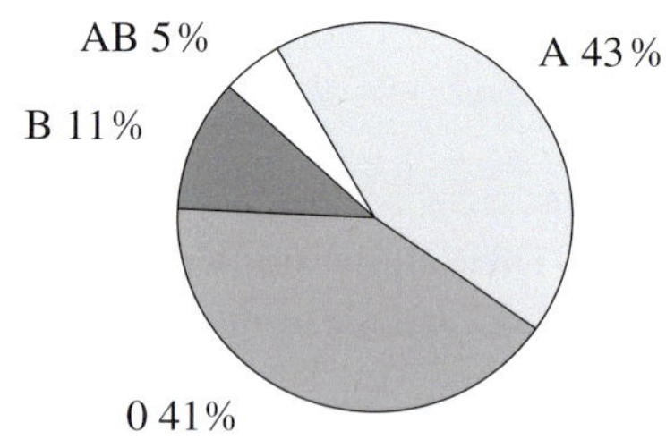

Wie viele Blutspenden können für Menschen mit der Blutgruppe AB bzw. der Blutgruppe 0 verwendet werden?

Aufgabe DZ 5 – Streichholzschachtel

Tina und Simon würfeln mit einer Streichholzschachtel. Sie haben auf die Seitenflächen die Augenzahlen 1 bis 6 geschrieben. Beim wiederholten Würfeln ergaben sich folgende absolute Häufigkeiten.

Augenzahl	1	2	3	4	5	6
absolute Häufigkeit	**43**	**84**	**124**	**40**	**83**	**126**
relative Häufigkeit						

a) Berechne die relativen Häufigkeiten für die einzelnen Augenzahlen.
b) Skizziere ein Netz einer quaderförmigen Streichholzschachtel und trage die Augenzahlen ein.
c) Gib eine mögliche Verteilung an, wenn man 80-mal würfelt.

Aufgabe DZ 6 – Glücksrad

Ein Glücksrad hat 36 gleich große Felder mit den Zahlen 1 bis 36. Es wird einmal gedreht.

a) Bestimme die Wahrscheinlichkeiten für die folgenden Ereignisse.
   - Es erscheint eine Zahl mit der Endziffer 5.
   - Es erscheint eine durch 3 und durch 4 teilbare Zahl.
   - Es erscheint eine Zahl zwischen 10 und 20.

b) Gib eine Regel an, nach der man mit einer Wahrscheinlichkeit von 25% gewinnt.
c) Zeichne ein Glücksrad, bei dem 5% aller Gewinne Hauptgewinne sind, 40% Kleingewinne, 35% Trostpreise und 20% Nieten.

Aufgabe DZ 7 – Kaufkraft von Kids

Eine Studie untersuchte die Kaufkraft von Kids.

a) Welche der Aussagen passen zu den dargestellten Ergebnissen? Begründe.
   (1) Mädchen geben mehr Geld für Zeitschriften und Comics aus als Jungen.
   (2) Jeder zweite Jugendliche verwendet sein Taschengeld für Fast Food.
   (3) Die Mehrheit der Jugendlichen unter 10 Jahren gibt ihr Geld nicht für Handys aus.
   (4) Kids stehen 915€ pro Jahr zur Verfügung, von denen sie 25% zum Geburtstag oder zu Weihnachten erhalten.
b) Erkläre, warum die Summen der Prozentsätze der 6- bis 9-jährigen bzw. der 10- bis 13-jährigen Mädchen und Jungen nicht 100% sind.
c) In einer beliebigen 6. Klasse sind 14 Mädchen und 16 Jungen. Wie viele davon geben vermutlich einen Teil ihres Taschengelds für Zeitschriften und Comics aus?

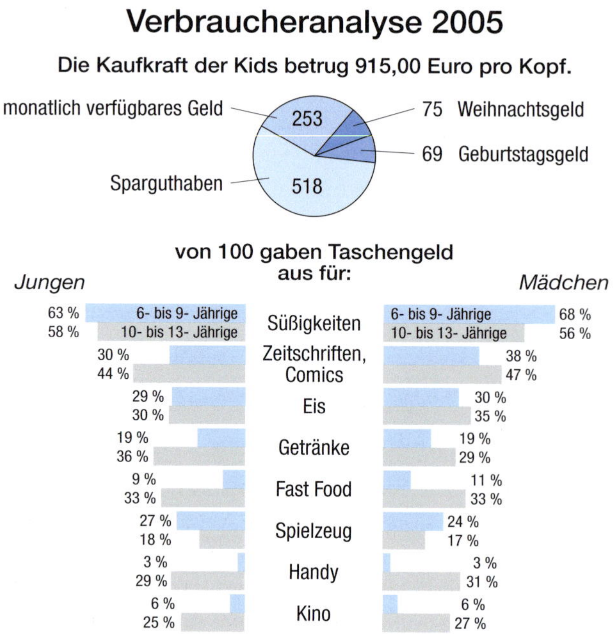

Aufgabe DZ 8 – Fahrzeugkontrolle

Die Polizei stellte bei einer Fahrzeugkontrolle fest, dass von 250 Fahrern 45 keine Warndreiecke mit sich führten. Am nächsten Tag kontrollierte sie 150 Fahrer. Schätze, wie viele davon kein Warndreieck im Auto hatten.

Aufgabe DZ 9 – Bauteile

Eine Firma stellt elektronische Bauteile her, die anschließend eine Qualitätskontrolle durchlaufen. Dabei werden fehlerhafte Teile aussortiert. An zehn Tagen wurden Stichproben durchgeführt und die Ergebnisse aufgezeichnet.

a) Erkläre, wie das abgebildete Diagramm mit einer Tabellenkalkulation erzeugt wurde.

b) Wie groß ist ungefähr die Wahrscheinlichkeit, dass ein Bauteil defekt ist? Begründe mithilfe des Diagramms.

c) Wie viele Bauteile sind etwa zu produzieren, damit 250 intakte Bauteile verkauft werden können?

	A	B	C	D	E
1	fehlerhafte Bauteile	überprüfte Bauteile	relative Häufigkeit		
2	6	50	12		
3	8	82			
4	10	120			
5	11	150			
6	17	200			
7	19	230			
8	20	250			
9	7	85			
10	11	125			
11	24	300	8		
12					

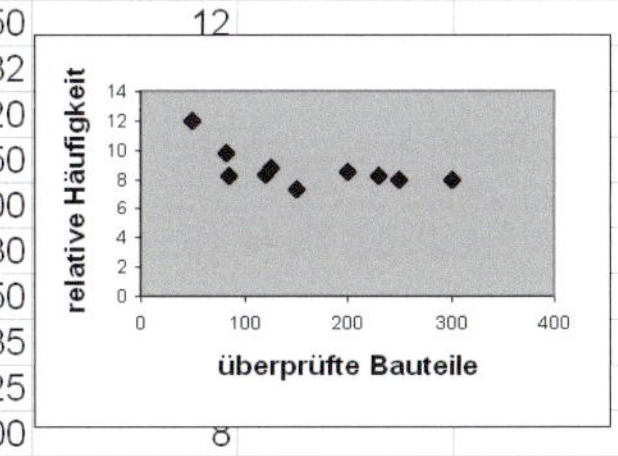

Aufgabe DZ 10 – Urlaubsfahrt

Frau Hölker möchte im Urlaub in die Berge zum Wandern. Herr Hölker würde am liebsten an die holländische Küste fahren. Beide Töchter wünschen sich einen Badeurlaub auf Mallorca.
Es wird vereinbart, das Reiseziel auszulosen. Nacheinander werden zwei 1-Euro-Münzen geworfen.
Falls auf beiden Münzen die Zahl zu sehen ist, fährt die Familie in die Berge. Falls auf beiden Münzen der Bundesadler zu sehen ist, fährt die Familie nach Mallorca. Falls auf einer Münze Zahl und auf einer Münze der Bundesadler zu sehen ist, geht's nach Holland.

a) Wo verbringt die Familie wahrscheinlich ihren Urlaub? Begründe deine Antwort.

b) Führe das Werfen zweier Münzen 50-mal aus und berechne die relativen Häufigkeiten.

c) Die Töchter sind mit dem Verfahren nicht einverstanden. Sie wollen die Entscheidung mithilfe von Würfeln treffen, damit die drei Urlaubsziele gleich wahrscheinlich sind. Entwickle einen entsprechenden Vorschlag.

Aufgabe DZ 11 – Lieblingsfach

Die Schülerinnen und Schüler von sechs achten Klassen wurden nach ihren Lieblingsfächern befragt.

	A	B	C	D	E	F
1	Lieblingsfach	Jungen	Mädche	Jungen	Mädchen	alle Schüler
2		absolute Häufigkeit	absolute Häufigkeit	relative Häufigkeit in %	relative Häufigkeit in %	relative Häufigkeit in %
3	Mathematik	12	4	15,8	4,8	10,0
4	Englisch	6	14	7,9	16,7	12,5
5	Deutsch	5	10	6,6	11,9	9,4
6	Französisch	6	12	7,9		11,3
7	Biologie	4	11	5,3	13,1	9,4
8	Physik	8	2	10,5	2,4	6,3
9	Gesellschaftslehre	5	6	6,6	7,1	6,9
10	Kunst	2	8	2,6	9,5	6,3
11	Sport	26	15	34,2		25,6
12	Religion	2	2	2,6	2,4	2,5
13						
14	Summe:	76				
15						

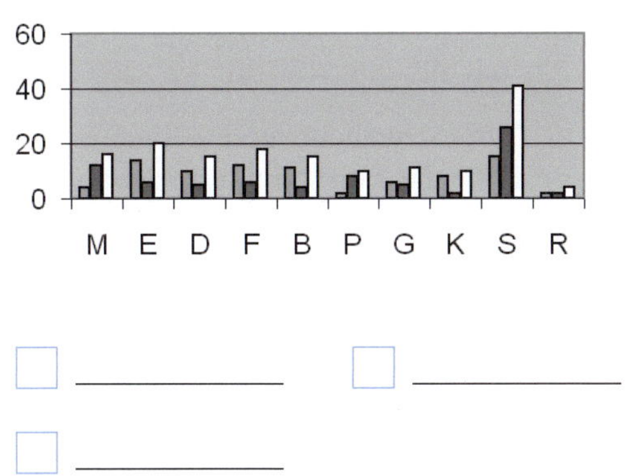

a) Berechne die Werte in den Zellen C14 und E6. ____________________

b) Gib Formeln an, mit denen die Werte in den Zellen C14 und E11 berechnet werden können. ____________________

c) Begründe, warum die Werte in den Zellen D14 und E14 gleich sein müssen.

d) In Zelle F3 wird die relative Häufigkeit für das Lieblingsfach Mathematik für alle Schülerinnen und Schüler berechnet. Begründe, warum man dazu nicht die Formel =(D3+E3)/2 verwenden kann.

e) Das rechts abgebildete Säulendiagramm veranschaulicht die Daten. Welche Häufigkeiten werden durch die Säulen dargestellt? Ergänze die Legende.

Aufgabe DZ 12 – Qualitätskontrolle

Eine Firma stellt täglich 500 000 Streichholzschachteln her. Eine Stichprobe ergab folgende Verteilung.

Anzahl der Streichhölzer pro Schachtel	37	38	39	40	41	42	43
absolute Häufigkeit	**2**	**7**	**9**	**215**	**8**	**6**	**3**
relative Häufigkeit							

a) Ergänze in der Tabelle die relativen Häufigkeiten.
b) Wie viele Streichhölzer sind durchschnittlich in einer Schachtel?
c) Wie viele Schachteln mit genau 40 Streichhölzern werden schätzungsweise pro Tag produziert?
d) Wie viel Prozent der Tagesproduktion werden schätzungsweise weniger als 40 Streichhölzer enthalten?

Aufgabe DZ 13 – Würfelspiel

Tina und Sarah würfeln mit zwei Würfeln. Sie haben folgende Spielregeln vereinbart:
Tina gewinnt bei den Augensummen 2, 3, 4, 5 und 6.
Sarah gewinnt bei den Augensummen 7, 8, 9, 10 und 11.
Bei der Augensumme 12 gewinnt keine von beiden.

a) Sind dies faire Spielregeln? Begründe deine Meinung.

b) Formuliere Spielregeln für ein Würfelspiel für drei Personen und zwei Würfel so, dass die Gewinnchance für alle drei Spieler gleich ist.

Aufgabe DZ 14 – Mathematikprüfung

In der zentralen Mathematikprüfung am Ende der 10ten Klasse erzielte die Klasse 10c folgende Punktzahlen.
72; 64; 62; 56; 48; 36; 82; 75; 74; 70; 64; 60; 58; 40; 22; 30; 60; 74; 80; 64; 61; 74; 57; 56; 57

a) Veranschauliche die Ergebnisse der Klasse 10c mithilfe eines Boxplots.
b) Fülle die Tabelle mithilfe der abgebildeten Boxplots aus.

	Maximum	Minimum	Median	oberes Quartil	unteres Quartil
Jungen					
Mädchen					

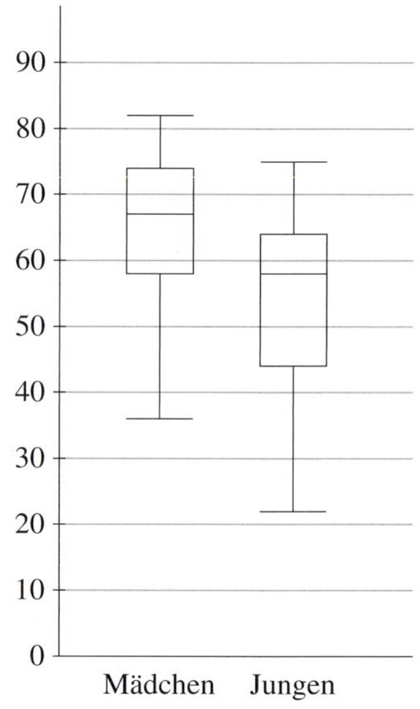

c) Vergleiche die rechten Boxplots zu den Leistungen der Mädchen und Jungen und formuliere mindestens drei Aussagen.
d) Der folgende Notenspiegel zeigt die Verteilung der Prüfungsnoten des gesamten Jahrgangs.

Note	1	2	3	4	5	6
Anzahl	**18**	**37**	**10**	**18**	**13**	**12**

Der Direktor möchte der Schulpflegschaft zeigen, dass die Prüfungsergebnisse recht gut waren. Sollte er als mittleres Prüfungsergebnis den Median oder das arithmetische Mittel angeben? Begründe.

Lösungen

Mathematische Darstellungen verwenden

Aufgabe DAR 1

a) x bezeichnet die Anzahl der Bilder, y den Preis für die Bilder (in €).
Dann gilt: $y = 0{,}08x + 2$

b)

x	1	2	3	4	5	6	7	8	9	10
y	2,08	2,16	2,24	2,32	2,40	2,48	2,56	2,64	2,72	2,80

c) $0{,}08 \cdot 23 + 2 = 3{,}84$
Für 23 Bilder müssen 3,84 € bezahlt werden.

Aufgabe DAR 2

a)

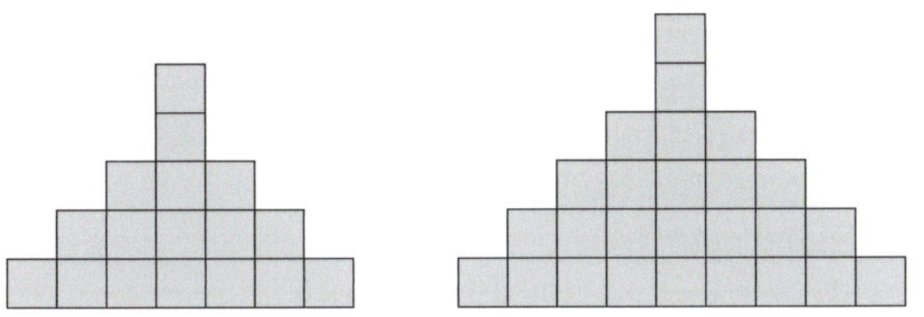

4. Stufe 5. Stufe

b) Stufe 6 besteht aus 37 Quadraten.

c) Mit Term (3) $n^2 + 1$ kann die Anzahl der Quadrate in der n-ten Stufe berechnet werden.

d) individuell verschieden, z. B.:

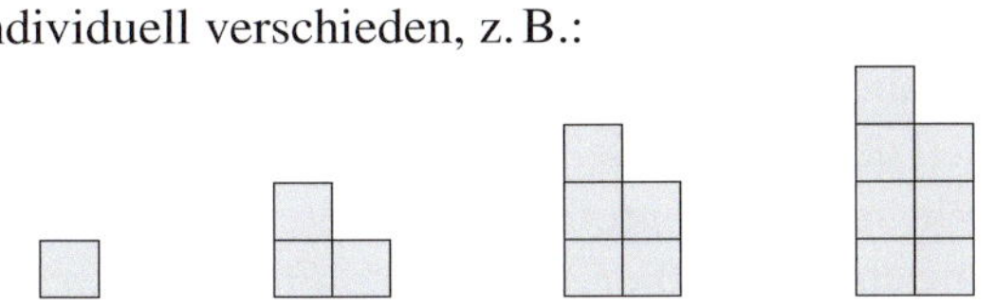

1. Stufe ($n = 1$) 2. Stufe ($n = 2$) 3. Stufe ($n = 3$) 4. Stufe ($n = 4$)

Aufgabe DAR 3

Rechenbaum (1) – Textaufgabe A – Term II
Rechenbaum (2) – Textaufgabe B – Term III
Rechenbaum (3) – Textaufgabe C – Term I

Aufgabe DAR 4

	Winkel	a) Anteil	b) Fläche (in Mio. km²)
Arktischer Ozean	ca. 13°	3,6 %	14
Atlantischer Ozean	ca. 100°	27,8 %	106
Indischer Ozean	ca. 71°	19,7 %	75
Pazifischer Ozean	ca. 157°	43,6 %	167
Südpolarmeer	ca. 19°	5,3 %	20

individuelles Säulendiagramm

c) 71 % entspricht 382 000 000 km²
1 % entspricht 5 380 281,7 km²
29 % entspricht 156 028 169 km²
Ca. 156 Mio. km² der Erde sind durch Kontinente bedeckt.

d) 43,6 % von 71 % sind $0{,}436 \cdot 0{,}71 = 0{,}30956 \approx 31{,}0\,\%$
[oder: 167 Mio. km² von 538 Mio. km² sind 31,0 %]
Der Anteil des Pazifischen Ozeans an der gesamten Erdoberfläche beträgt ca. 31 %.

Argumentieren/Kommunizieren

Aufgabe ARG 1

a) Die Aussage ist falsch. Gegenbeispiel: $100 > 99$
Die Quersumme von 100 ist 1, die von 99 ist 18.

b) Die Aussage ist wahr, denn die Quersumme der fünfstelligen Zahl ist 15 und 15 ist durch 3 teilbar, also ist auch die Zahl durch 3 teilbar.

c) Die Aussage ist falsch. Gegenbeispiel: Dreieck mit $\alpha = 50°$; $\beta = 70°$ und $\gamma = 60°$

d) Die Aussage ist wahr. Bei jedem Quadrat sind die gegenüberliegenden Seiten gleich lang und parallel zueinander. Also ist es ein Parallelogramm.

e) Die Aussage ist falsch. Es kann auch ein Rechteck mit unterschiedlich langen Seiten sein.

Aufgabe ARG 2

linke Zeichnung: Wenn man drei kongruente Dreiecke so aneinander legt, dass drei verschiedene Winkel – α, β, γ – aneinander stoßen, so bilden diese zusammen einen gestreckten Winkel (180°).
rechte Zeichnung: Wenn man eine Parallele zur Seite $\overline{AB}$ durch Punkt C zeichnet und die Seite $\overline{AC}$ verlängert, so entstehen die Winkel α^* und β^*.
Es gilt: $\alpha^* + \beta^* + \gamma = 180°$.
Da α und α^* Stufenwinkel sind, gilt $\alpha = \alpha^*$.
Da β und β^* Wechselwinkel sind, gilt $\beta = \beta^*$. Also gilt: $\alpha + \beta + \gamma = 180°$.

Aufgabe ARG 3

a) Zeichnet man in ein Parallelogramm eine Diagonale ein, so entstehen zwei kongruente Dreiecke (laut Kongruenzsatz sss), ihre Innenwinkel sind gleich groß, demzufolge auch deren Summen.
Da die Winkelsumme im Parallelogramm 360° beträgt, muss die Winkelsumme im Dreieck die Hälfte der Winkelsumme des Parallelogramms sein.
$360° : 2 = 180°$ q. e. d.

b) Die Winkel α, β und γ haben einen gemeinsamen Scheitelpunkt.
Da β und γ Nebenwinkel sind, gilt $\beta + \gamma = 180°$.
Da α und γ Scheitelwinkel sind, gilt $\alpha = \gamma$.
Also gilt: $\alpha + \gamma = 180°$. Die Winkel α und γ sind Nebenwinkel. q. e. d.

c) Eine durch 5 teilbare Zahl hat die Endziffer 0 oder 5. Die Summe von zwei durch 5 teilbaren Zahlen hat ebenfalls die Endziffer 0 oder 5. Also ist sie auch durch 5 teilbar. q. e. d.
[Oder: Für jede durch 5 teilbare Zahl a ist $a = 5 \cdot x$ bzw. $b = 5 \cdot y$, wobei x, y natürliche Zahlen sind.
$a + b = 5 \cdot x + 5 \cdot y = 5(x + y)$ q. e. d.]

Aufgabe ARG 4

a) Bei Lösungsweg 2 wurde der Flächeninhalt der Innenfläche von dem der großen Fläche subtrahiert.

b) Bei Lösungsweg 1 entsprechen jeweils die kleinen Rechtecke „$b \cdot x$“ und die großen „$a \cdot x$“.
Bei Lösungsweg 3 entsprechen jeweils die kleinen Rechtecke „$(a - 2x)x$“ und die großen „$(b + 2x)x$“.

c) Korrektur bei Lösungsweg 2 ab zweiter Zeile:
$ab + 2ax - ab + 2bx = 2ax + 2bx = 2x(a + b)$.

d) Lösungsweg 1 ist am einfachsten, denn hier sind die Termumformungen am einfachsten.

e) Zerlegung in 4 Quadrate und 4 Rechtecke durch Verlängerung der Seiten des inneren Rechtecks:
$4x^2 + 2x(a - 2x) + 2xb$
$= 4x^2 + 2ax - 4x^2 + 2bx = 2ax + 2bx = 2x(a + b)$

Problemlösen

Aufgabe P 1

a) Durch Ausmessen erkennt man, dass eine Runde ca. 9 cm lang ist. Da 0,9 cm in der Zeichnung 500 m in der Wirklichkeit entspricht, ist eine Runde ca. 5000 m lang. Sie sollte also zwei Runden laufen.

b) Die benötigte Zeit für 10 km hängt von ihrer Geschwindigkeit ab. Läuft sie mit einer Geschwindigkeit von 15 km/h, so benötigt sie 40 Minuten, bei 10 km/h sind es 60 Minuten.

Aufgabe P 2

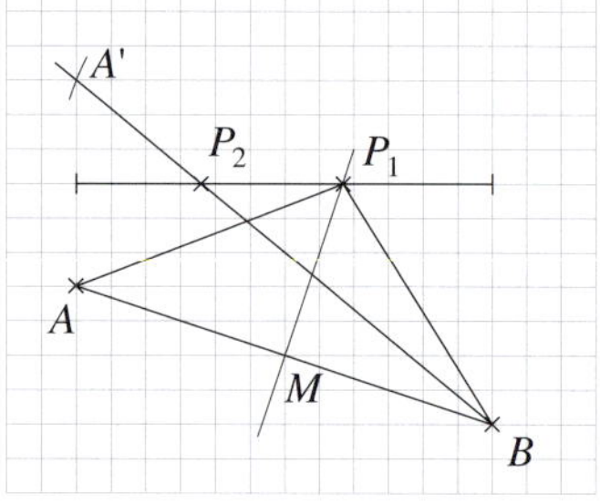

a) Der Anschluss sollte im Schnittpunkt P_1 der Mittelsenkrechten von $\overline{AB}$ mit der Leitung liegen.

b) Entfernung von P_1 zu A und B ist jeweils 4,1 km.

c) Wenn man den Punkt A an der Leitung spiegelt und A' mit B verbindet, erhält man den Anschlusspunkt mit der minimalen Gesamtstrecke (Gesamtentfernung $\overline{A'B}$ ist 7,8 km). Der Vorschlag lohnt sich für beide Orte.

Aufgabe P 3

a) $D_{10} = 55$; Lösung durch Zeichnen, durch Ergänzen der Folge 1, 3, 6, 10, … oder durch den Term $\frac{1}{2} \cdot n \cdot (n+1)$.

b) Es gibt keine Dreieckszahl 80. Lösung siehe a).

c) Beim Übergang von der n-ten Dreieckszahl zur $(n + 1)$-ten Dreickszahl kommen jeweils n Plättchen hinzu, also hier 46 Plättchen.

d) Wenn man zwei benachbarte Dreieckszahlen addiert, erhält man immer eine Quadratzahl. Das kann man auch erkennen, indem man die Plättchen zu einem Quadrat zusammenlegt.

Aufgabe P 4

a) Natürliche Zahlen sind niemals kleiner als ihre Quersumme, bei einstelligen Zahlen gilt Gleichheit. Bei mehrstelligen Zahlen ist abgesehen von den Einern der Stellenwert stets größer als der Wert der Ziffer.

b) Es kommen nur zweistellige natürliche Zahlen in Frage, da der Stellenwert bei höheren Stellen mindestens 100 beträgt und somit um mehr als 90 größer ist als der Wert der Ziffer.
Die Lösung kann durch sinnvolles Probieren oder durch eine Gleichung erfolgen.
x: Ziffer der Zehnerstelle, y: Ziffer der Einerstelle
$10x + y = x + y + 27;\ x = 3$
Alle natürlichen Zahlen von 30 bis 39 sind um 27 größer als ihre Quersumme.

c) siehe auch b)
$10x + y = x + y + 40;\ x \approx 4{,}44$
Keine natürliche Zahl ist um 40 größer als ihre Quersumme.

Aufgabe P 5

a) Man könnte hier zunächst eine vertraute Schuhgrößen-Angabe mit der Länge eines Fußes vergleichen. Aber auch der Weg ins Schuhgeschäft kann helfen eine Tabelle mit Schuhgrößen zu erhalten. Wichtig ist die Einsicht, dass die Zuordnung *Fußlänge in cm → Schuhgröße* proportional ist (der Faktor ist ca. $\frac{3}{2}$). Aber Vorsicht: Bei Sportschuhen und den verwendeten englischen Größen gilt das nicht. Auf gute Ideen kommt es an, wenn die Länge des Riesenschuhs geschätzt werden soll: Hier kann das Schätzen der Größe des abgebildeten Mannes (seines Gesichtes, seiner Hände, seiner Brille, …) weiterhelfen. Dies wird eine ungefähre Länge des Schuhs von 1,5 m ergeben. Jetzt hilft die oben beschriebene Proportionalität weiter und es muss gerechnet werden (z. B. $150 \cdot \frac{3}{2} = 225$). Die Schuhgröße müsste also ungefähr 225 sein.

b) Die Füße dieser Person sind ca. 150 cm lang. Es scheint sich dem Aussehen nach um einen Herrenschuh zu handeln, daher ist die Frage sinnvoll: „Wie lang ist ein durchschnittlicher Herrenfuß und wie groß ist ein durchschnittlicher Mann“? Hier könnte eine Internetrecherche weiterhelfen. Die durchschnittliche männliche Schuhgröße liegt bei ca. 43, die Körpergröße bei 177 cm (Statistisches Bundesamt 2003).
Nun kann wieder gerechnet werden: $225 : 43 \approx 5{,}23$.
Rückschluss auf die Körpergröße:
$5{,}23 \cdot 177\,\text{cm} \approx 926\,\text{cm}$
Ein Mann, dem dieser Schuh passt, wäre ca. 9 m groß.

c) Zu klären ist, wie viel Leder für einen durchschnittlichen Männerschuh benötigt wird. Damit kann der Lederbedarf geschätzt werden.
d) Um eine sinnvolle Antwort zu geben, ist zu bedenken, dass die Kosten nicht nur vom Material, sondern auch vom Arbeitsaufwand des Schuhmachers abhängen.

Modellieren

Aufgabe MOD 1
individuell verschieden
a) z. B.: Im vergangenen Monat hat Ilona an 15 Tagen zwei Stunden und an zwölf Tagen drei Stunden in der Eisdiele ausgeholfen. Wie viele Stunden hat sie im vergangenen Monat in der Eisdiele gearbeitet?
b) z. B.: x-Achse: Zeit; y-Achse: Strecke
Paul geht zur Schule. Zunächst geht er langsam. An der Ampel muss er warten. Dann rennt er weiter.
c) z. B.: Beim Familienausflug der Klasse 8 a hat Familie Meyer sechs Würstchen zum Preis von 1,20 € und acht Getränke zum Preis von 0,80 € verzehrt. Wie viel Geld hat Familie Meyer zu bezahlen?
d) z. B.: Ein Liter Benzin kostet 1,69 €.
x: getankte Menge Benzin (in Liter)
y: zu zahlender Preis (in €)

Aufgabe MOD 2
individuell verschieden
a) z.B.: Drei Viertel aller Schülerinnen und Schüler einer vierten Klasse können schwimmen.
$\frac{3}{4} \cdot 32 = 24$
24 Schülerinnen und Schüler der Klasse können schwimmen.
b) z. B.: Carina kauft vier Kartenspiele zum Preis von je 1,99 €.
$4 \cdot 1{,}99 = 7{,}96$
Carina muss für die Kartenspiele 7,96 € bezahlen.
c) z. B.: Zwei Drittel aller Schülerinnen und Schüler der Schule Süd kommen mit dem Fahrrad zur Schule.
$\frac{2}{3} \cdot 1\,068 = 712$
712 Schülerinnen und Schüler kommen mit dem Fahrrad zur Schule.
d) z. B.: Ein Drittel der Schülerinnen und Schüler einer Klasse spielt ein Instrument. Davon spielt die Hälfte Geige.
$\frac{1}{2} \cdot \frac{1}{3} = \frac{1}{6}$
Ein Sechstel der Schülerinnen und Schüler der Klasse spielt Geige.

Aufgabe MOD 3
a) x bedeutet: Alter Jakob
y bedeutet: Alter Jan
b) x bedeutet: Anzahl Kühe
y bedeutet: Anzahl Schweine
c) x bedeutet: Anzahl Zweibettzimmer
y bedeutet: Anzahl Einzelzimmer
z bedeutet: Anzahl aller Hotelbetten

Aufgabe MOD 4
a) $U = 4x + 4$
b) $U = 6x + 2$
c) $U = 2x + 6$
d) $U = 6x + 2$

Aufgabe MOD 5
a) x entspricht der gesuchten Zahl.
$(55 + 77) : x = 4 \rightarrow 132 : x = 4 \rightarrow x = 33$
Die gesuchte Zahl ist 4.
Probe: $(55 + 77) : 33 = 4$
b) x entspricht Länge des Rechtecks.
$2x$ entspricht Breite des Rechtecks.
$x + x + 2x + 2x = 42 \rightarrow 6x = 42 \rightarrow x = 7$
Das Rechteck ist 7 cm lang und 14 cm breit.
Probe: $2 \cdot 7 + 2 \cdot 14 = 14 + 28 = 42$
c) x entspricht Größe Winkel β; $\alpha = 2x$; $\gamma = x + 16$
$x + 2x + (x + 16) = 180$ (Winkelsumme im Dreieck)
$\rightarrow 4x + 16 = 180 \rightarrow 4x = 164 \rightarrow x = 41$
Winkel β besitzt eine Größe von 41°, Winkel α von 82° und Winkel γ von 57°.
Probe: $41° + 82° + 57° = 180°$
d) x entspricht Alter Ina; $3x$ entspricht Alter Elke; $3x + 28$ entspricht Alter Trudi; $x + 80$ entspricht Alter Gertrud.
$x + 3x + (3x + 28) + (x + 80) = 204$
$\rightarrow 8x + 108 = 204 \rightarrow 8x = 96 \rightarrow x = 12$
Ina ist 12, Elke 36, Trudi 64 und Uroma Gertrud 92 Jahre alt.
Probe: $12 + 36 + 64 + 92 = 204$

Aufgabe MOD 6
a) Volumen Kinderbecken: $V = 10 \cdot 8 \cdot 0{,}9 = 72\ [m^3]$
Volumen größeres Becken:
$V = 15 \cdot 10 \cdot 1{,}5 = 225\ [m^3]$
b) x: Zeit in Minuten
Wassermenge im großen Becken: $W = 50 + 1{,}5x$
Wassermenge im Kinderbecken: $W = 2{,}5x$
$50 + 1{,}5x = 2{,}5x \rightarrow x = 50$
Das Kinderbecken ist aber nach 28,8 Minuten voll. Daher befindet sich zu keinem Zeitpunkt in beiden Becken die gleiche Wassermenge.

Leitidee Zahl

Aufgabe Z 1
a) Die Haare sind ca. 1,25 cm pro Monat gewachsen.
b) In der Summe wachsen die Haare 900 m.

Aufgabe Z 2
Die Anschaffung lohnt sich ab dem sechsten Besuch. Bei fünf Besuchen hat man keinen Vor- bzw. Nachteil ($5 \cdot 11{,}00 € + 55{,}00 € = 5 \cdot 22{,}00 €$).

Aufgabe Z 3
a) Bei Händler Arndt ist der Roller bei Barzahlung preisgünstiger. Er kostet 2133,03 €.
b) Das Geld reicht nicht für den Roller, nach zwei Jahren hat sie mit den Zinseszinsen nur 2121,80 €.

Aufgabe Z 4

B, C, E, F und H sind richtig.

Aufgabe Z 5

$9 = 5 + 5 - 5 : 5$ $\qquad$ $7 = (5 + 5) : 5 + 5$

Aufgabe Z 6

a) In Portugal zahlt er 54,45 € für die Jeans.
b) Sie kostet inklusive Mehrwertsteuer 43,70 €.
c) Dana hat 20 % Mehrwertsteuer gezahlt, also hat sie die Jeans in Italien gekauft.
d) Es kann z. B. im Internet recherchiert werden.

Aufgabe Z 7

a) Es ist günstiger, 10 Stück Torte für 10,00 € zu kaufen als 9 einzelne Stücke (9 · 1,20 € = 10,80 €).
b) Der günstigste Preis für 25 Stück sind 25,00 € (eine Platte für 15,00 € und 10 Stück für 10,00 €).
c) Der Preis pro Tortenstück beträgt ca. 0,94 €.

Aufgabe Z 8

$\frac{11 \cdot 21 + 31}{41 \cdot 51} \approx 0{,}125$

Aufgabe Z 9

a) Es sind ca. 500 Sonnenblumen.
b) $[25\,000\,\text{m}^2 : (4{,}5\,\text{m} \cdot 6\,\text{m})] \cdot 500 \approx 463\,000$
Ca. 0,5 Mio. Sonnenblumen stehen auf dem 2,5 ha großen Feld.

Aufgabe Z 10

Beim Plus Sparen hat Carina nach dem zweiten Jahr 1060,80 €. Beim Extra Sparen sind es 1060,90 €. Das zweite Angebot ist etwas besser.

Aufgabe Z 11

a) Der Zahlenwert ist 11,60.
b) =B7*C7
c) =D2+D3+D4+D5+D6+D7 [=SUMME(D2:D7)]
d) A ist richtig.

Aufgabe Z 12

Nach dem ersten Vorschlag würden 275 g für 1,80 € angeboten werden (1 kg für 6,55 €).
Nach dem zweiten Vorschlag würden 250 g für 1,62 € angeboten werden (1 kg für 6,48 €).
Mit dem ersten Vorschlag verdient der Hersteller pro Gramm mehr Geld als mit dem zweiten Vorschlag.

Aufgabe Z 13

a) Die größte mögliche Summe ist 1173.
b) Die kleinste mögliche Summe ist 381.
c) 1173 = 642 + 531 = 632 + 541 = 542 + 631
Als Einer werden 1 und 2 verwendet, als Zehner 3 und 4 und als Hunderter 5 und 6.
Die Gesamtsumme bleibt gleich, egal welchen der beiden Einer, Zehner und Hunderter der erste Summand erhält.
d) Es gibt 4 Möglichkeiten (mit Summandentausch 8):
135 + 246, 145 + 236, 146 + 235, 136 + 245

Aufgabe Z 14

a) 21 · 60 · 60 · 24 = 1 814 400
Ca. 1 814 400 Exemplare wurden verkauft.
2 652 656 : 1 814 400 ≈ 1,46
Bei Band 7 stiegen die Zahlen um ca. 46 %.
b) Ein Exemplar von Band 5 ist ungefähr 6 cm dick.
c) Monaco ist ca. 1,97 km^2 groß und ein Fußballfeld ca. 0,007 3 km^2 (100 m × 73 m).
Die Fläche aller Harry Potter Bücher wäre dann
$3{,}7 \cdot 1{,}97\,\text{km}^2 = 7{,}289\,\text{km}^2 = 7\,289\,000\,\text{m}^2$ groß.
Fläche eines Buches: z. B. 0,145 m · 0,21 m = 0,03045 m^2
Anzahl der weltweit verkauften Bücher:
$7\,289\,000\,\text{m}^2 : 0{,}03045\,\text{m}^2 \approx 239\,376\,026$
Ca. 240 Mio. Bücher wurden weltweit verkauft.
d) Die Autorin signierte in 6,5 h ca. 1600 Exemplare.
Pro Minute signierte J. K. Rowling ca. 4 Bücher.
e) Die Schnellleserin brauchte etwas weniger als 5 Sekunden, um eine Buchseite zu lesen.

Aufgabe Z 15

a) Für die Stufe 6 braucht man 18 Hölzer.
b) In der Stufe 9 werden 27 Hölzer benötigt.
c) Der Term lautet $2n + 1$.
d) Term D ist richtig, denn $(n + 1)^2 - 1 = n^2 + 2n$.

Aufgabe Z 16

a) Die Aussage ist wahr. Jede dritte natürliche Zahl ist durch 3 teilbar, daher ist eine von drei aufeinander folgenden Zahlen durch 3 teilbar.
b) Die Aussage ist falsch.
Gegenbeispiel: 20 + 21 + 22 = 63
63 ist nicht durch 4 teilbar.
c) Die Aussage ist wahr. Es gilt:
$x + (x + 1) + (x + 2) = 3x + 3 = 3(x + 1)$,
d. h. 3 ist Teiler der Summe.
d) Die Aussage ist wahr. Produkt aus Vorgänger und Nachfolger einer Zahl x ist: $(x + 1) \cdot (x - 1) = x^2 - 1$ und Quadrat der mittleren Zahl ist: x^2. $\quad x^2 - 1 < x^2$.
e) Die Aussage ist wahr. Von den drei Zahlen ist eine durch 3 teilbar (siehe a)) und mindestens eine gerade. Das Produkt enthält also die Primfaktoren 3 und 2.

Aufgabe Z 17

a) Die Aussage ist falsch.
Gegenbeispiel: $0{,}4 \cdot 0{,}2 = 0{,}08 < 1$
b) Die Aussage ist falsch.
Gegenbeispiel: $2 : 0{,}5 = 4$ und $4 > 2$
c) Die Aussage ist wahr. Da x und y beide negativ sind ($x < 0$; $y < 0$), ist ihr Produkt immer positiv ($x \cdot y > 0$).
d) Die Aussage ist falsch.
Gegenbeispiel: $(-4) : (-2) = 2$
e) Die Aussage ist falsch.
Gegenbeispiel: $-2 < -1$, aber $(-2)^2 > (-1)^2$, weil $4 > 1$

Aufgabe Z 18

a) $\frac{4}{5}a + \frac{3}{5} - \frac{4}{5} = \frac{4}{5}a - \frac{1}{5}$

b) Die Umformungen sind richtig.

c) $-9x(x-8) = -9x^2 + 72x$

d) $6a^2 + 12ab + 3a = 3a(2a + 4b + 1)$

e) $(2x - 3y)^2 = 4x^2 - 12xy + 9y^2$

f) $169 - 4m^2 = (13 - 2m) \cdot (13 + 2m)$

Aufgabe Z 19

$A_{\text{Quadrat}} = x^2 \quad A_{\text{Rechteck}} = (x + 5) \cdot (x - 5) = x^2 - 25$

Der Tausch ist unfair. Das rechteckige Grundstück ist $25\,m^2$ kleiner als das quadratische Grundstück.

Aufgabe Z 20

a) D5: =C5*B5/100 I5: =H5*G5/100

b)

	A	B	C	D	E	F	G	H	I
1	**Zuwachssparen**					**Sparbrief**			
2									
3	Jahr	Zinsen in %	Kapital in €	Zinsen in €		Jahr	Zinsen in %	Kapital in €	Zinsen in €
4	1	3,7	12000,00	444,00		1	4,1	12000,00	492,00
5	2	3,8	12444,00	472,87		2	4,1	12492,00	512,17
6	3	3,9	12916,87	503,76		3	4,1	13004,17	533,17
7	4	4,0	13420,63	536,83		4	4,1	13537,34	555,03
8	5	4,2	13957,46	586,21		5	4,1	14092,37	577,79
9									
10	**Auszahlung nach 5 Jahren:**			14543,67		**Auszahlung nach 5 Jahren:**			14670,16
11									

c) D10: =C8+D8 I10: =H8+I8

d) Man kann die Prozentsätze nicht einfach addieren, da jeweils die Vorjahreszinsen mit angelegt und verzinst werden, dadurch ist das Endkapital höher.

Leitidee Messen

Aufgabe M 1

a) Die Kinder sind ca. 1,25 m bzw. 1,10 m groß.

b)

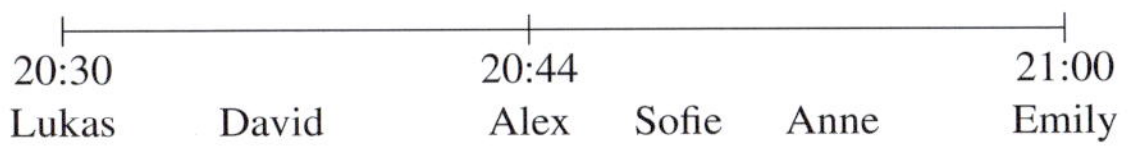

Sofie könnte auch früher abgeholt worden sein.

Aufgabe M 2

a) Die Insel Fehmarn ist ca. $200\,km^2$ groß.

b) Puttgarden ist ca. 12 km von der Brücke entfernt.

Aufgabe M 3

Gesamtfläche: $A = \frac{42\,m + 36\,m}{2} \cdot 15\,m = 585\,m^2$

Rechteckfläche links: $\frac{1}{2}A = 292{,}5\,m^2$

Der Grenzstein muss im Abstand von 19,5 m vom Punkt A gesetzt werden.

Aufgabe M 4

a) Das Modell TR hat eine Fläche von $0{,}845\,m^2$ und Modell TT eine von $0{,}546\,m^2$.

b) Für Modell TR werden 3,9 m Umleimer benötigt und für Modell TT 3,25 m.

c) Es gibt jeweils an der langen Seite zwei 60° große Winkel und an der gegenüberliegenden kürzeren Seite zwei 120° große Winkel. Diese Winkel eignen sich besonders gut für größere Tischgruppen, da sie zusammen 180° bzw. 120° ergeben und man so z. B. lange Reihen bzw. Sechsecke stellen kann.

d)

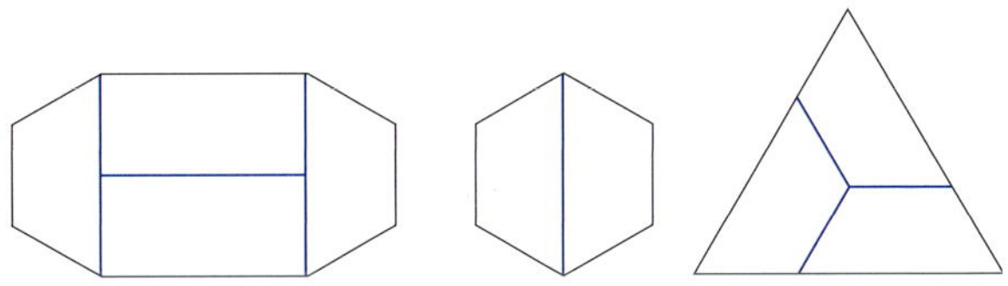

Aufgabe M 5

a) Das Volumen beträgt $24\,cm^3$ und der Oberflächeninhalt $52\,cm^2$.

b) D2: =A2*B2*C2

E2: =2*A2*B2+2*A2*C2+2*B2*C2

c) Timo musste darauf achten, dass die Einheiten gleich sind und er die richtigen Zellen nutzt.

d) Es wird die Summe aller Kantenlängen berechnet.

e)

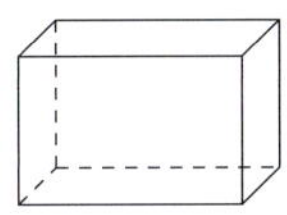

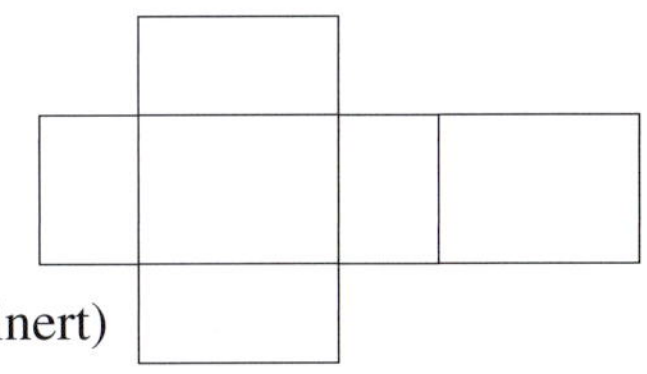

(auf ein Drittel verkleinert)

Aufgabe M 6

a) $a \cdot b$

b) $(c - a) \cdot b = bc - ac$

c) $2 \cdot (c - a) + 2b = 2c - 2a + 2b$

d) $2 \cdot (c - a) + 2 \cdot (d - b) = 2c - 2a + 2d - 2b$

e) Flächeninhalt der Gesamtfigur

f) Umfang des rechten Rechtecks aus A_2 und A_3

Aufgabe M 7

a) und c)

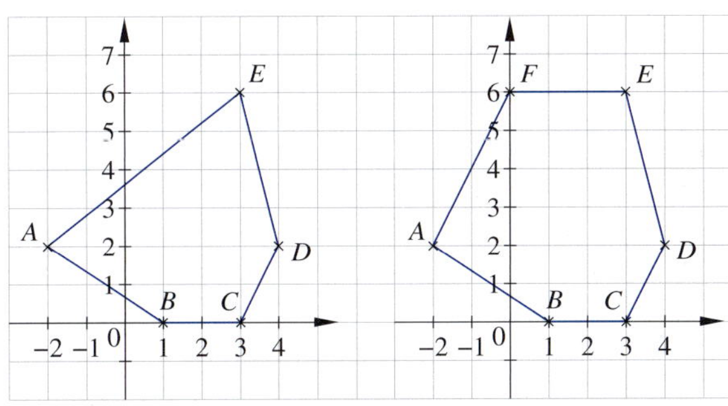

b) 1. Weg: Man unterteilt die Figur in Teilfiguren, berechnet deren Flächeninhalte und addiert diese.

2. Weg: Man zeichnet ein Rechteck so, dass die Eckpunkte des Fünfecks auf dessen Seiten liegen, berechnet den Flächeninhalt des Rechtecks und subtrahiert davon die Flächeninhalte der vier Dreiecke – die das Fünfeck zum Rechteck ergänzen.

(Das Fünfeck ist $20\,cm^2$ groß.)

d) $26\,cm^2 : 20\,cm^2 = 1{,}3$ Sie ist 30% größer.

Aufgabe M 8

a) $\left[2 \cdot \left(\frac{1}{2} \cdot 1{,}20 \cdot 1{,}60\right) + 2 \cdot \left(1{,}70 \cdot 2{,}20\right)\right] : 5 = 1{,}88$

Zwei Dosen Imprägnierspray werden benötigt.

b) Notfalls Modell C, da die Luftmatratzen nach dem Aufblasen etwas schmaler (höher) sind und ins Zelt gezwängt werden können. Sie sollten sich nach anderen Angeboten umschauen.

c) Patricks Vater hat Unrecht. Im Zelt stehen mehr als $2\,m^3$ ($2{,}112\,m^3$) Luft zur Verfügung.

Aufgabe M 9

a) Umfang von Quadraten: $4a$

b) Flächeninhalt von Quadraten: a^2

c) Volumen von Würfeln: a^3; $a^2 \cdot a$

d) Gesamtlänge der Würfelkanten: $12a$; $4a + 4a + 4a$

e) Oberflächeninhalt von Würfeln: $6a^2$; $2a \cdot 3a$

Aufgabe M 10

a) Wird die Zeichnung im Maßstab 1 : 1 000 angefertigt, so entsteht ein Dreieck mit 7,8 cm, 5,4 cm und 8 cm langen Seiten und einer 4,5 cm langen Parallelen zur 8 cm langen Seite.

b) $(183\,m - 3\,m) + (119\,m - 3\,m) = 296\,m$

$296 \cdot 17{,}50\,€ + 2 \cdot 527{,}95\,€ = 6\,235{,}90\,€$

Die Gesamtkosten betragen 6 235,90 €.

c) G_1: $\frac{1}{2} \cdot (45\,m + 80\,m) \cdot 22\,m = 1\,375\,m^2$

G_2: $\frac{1}{2} \cdot 45\,m \cdot 28\,m = 630\,m^2$

Aufgabe M 11

$\alpha + \gamma = 90°$ und $\beta + \delta = 90°$, denn die Innenwinkelsumme im Dreieck beträgt 180°.

γ und δ sind Scheitelwinkel also gleich groß.

Somit gilt: $\underline{\boldsymbol{\alpha} + \gamma} = \beta + \delta = \underline{\boldsymbol{\beta} + \gamma}$. Also gilt: $\alpha = \beta$.

Aufgabe M 12

a) Das Volumen beträgt $500\,m^3$.

b) Das Wasser steht 1,8 m hoch.

c) Es müssen $175\,m^2$ gefliest werden.

d) $V = 560\,m^3 = 560\,000\,l$. Man braucht 1 400 Minuten (23 h 20 min), um das Becken zu füllen.

Aufgabe M 13

a) Zeichnung eines gleichschenkligen Trapezes

Die Schenkel sind 7,7 cm lang und die zueinander parallelen Seiten 11 cm bzw. 14,5 cm – ihr Abstand beträgt 7,5 cm.

b) Das Volumen beträgt rund $6\,741{,}56\,cm^3$.

c) Mindestens $3\,074{,}70\,cm^2$ Pappe werden benötigt.

d) Die Reagenzgläser passen nebeneinander in den Karton, da sie zusammen 10 cm breit sind und das Trapez an der kürzeren Seite 11 cm lang ist. Auch die Gläserlänge ist kein Problem, denn der Karton ist länger.

Aufgabe M 14

a) Die Fläche ist $1\,400\,cm^2$ groß.

b) weiß: $5\,400\,cm^2 - (60\,cm - x) \cdot (90\,cm - x)$

blau: $(60\,cm - x) \cdot (90\,cm - x)$

Aufgabe M 15

a) $A = (14\,cm)^2 - (5\,cm)^2 = 171\,cm^2$

b) z. B.: $A = x^2 - y^2$; $A = (x - y) \cdot x + y \cdot (x - y)$

c) Mit beiden Trapezen kann ein entsprechendes Rechteck gelegt werden. Für dessen Flächeninhalt gilt:

$(x + y) \cdot (x - y) = x^2 - y^2$.

Aufgabe M 16

a) Die Treppe wiegt 544,32 kg. ($V = 259\,200\,cm^3$)

b) Ein $1{,}152\,m^2$ großer Teppich wird benötigt bzw. insgesamt $0{,}72\,m^2$ nur für die Trittflächen.

Aufgabe M 17

a) $15x + 10x = 425$ $\quad x = 17$

Die Seite x ist 17 m lang.

b) $u = 4 \cdot 17 + 30 = 98$ $\quad$ Der Umfang beträgt 98 m.

Aufgabe M 18

a) Es werden $194\,cm^2$ benötigt.

b) Es muss 12 cm breit und 22 cm lang sein.

c) Ca. 26,5 % sind Verschnitt.

d) Das Volumen beträgt $105\,cm^3$.

e) Das Volumen verdoppelt sich.

f) Die Grundfläche ändert sich nicht. Nur die Mantelfläche wird um 50 % vergrößert. Die Oberfläche wird um ca. 46 % auf $284\,cm^2$ vergrößert.

Leitidee Raum und Form

Aufgabe RF 1

a) individuelle Zeichnung

b) $\delta = 360° - 90° - 90° - 100° = 80°$

c) Es ist ein Drachenviereck, symmetrisch, die Diagonalen stehen senkrecht aufeinander, je zwei Seitenpaare sind gleich lang, zwei gegenüberliegende Winkel sind gleich groß, …

d) Es wäre ein Quadrat, denn $360° - 3 \cdot 90° = 90°$, somit sind alle Innenwinkel 90° groß und die Seiten gleich lang.

Aufgabe RF 2

Hinweis: Auf der Kopiervorlage sollten Zeichnungen von Trapezen und Rauten sein, an denen die Aussagen jeweils zu verdeutlichen sind.

a) Gemeinsamkeiten (siehe Zeichnungen)

Vierecke mit zwei zueinander parallelen Seiten.

Rauten sind spezielle Trapeze.

Unterschiede (siehe Zeichnungen)

In Rauten gibt es zwei Paare zueinander paralleler Seiten – beliebige Trapeze haben ein Paar.

In Rauten halbieren die Diagonalen einander, stehen senkrecht zueinander, sind gleichzeitig Symmetrieachsen und Mittelpunkte der Inkreise – beim beliebigen Trapez trifft dies alles nicht zu.

Bei Rauten ist die Summe der Nachbarwinkel 180° – bei beliebigen Trapezen gilt dies nur für zwei Winkelpaare.

b) zu Kevin: Ja, denn eine Raute hat zwei parallele Seiten.
zu Sarah: Wechselwinkel an geschnittenen Parallelen sind gleich groß. Der Wechselwinkel eines Nebenwinkels eines Innenwinkels ist ein benachbarter Innenwinkel und so groß wie der Nebenwinkel, d. h., auch deren Summe beträgt 180°. (siehe Zeichnung)
zu Niko: Ja, Rechteck. (siehe Zeichnung)
zu Sabine: Quadrat. (siehe Zeichnung)

Aufgabe RF 3

a) $\alpha = 4°$

b) Möglichkeit 1: Mithilfe des Steigungsdreiecks wird ein Winkel von ca. 9° (exakt rund: 8,5°) bestimmt. Durch eine weitere Konstruktion ermittelt man den Höhenunterschied, der ca. 67 m beträgt.
Möglichkeit 2: Das Steigungsdreieck wird hinreichend groß gezeichnet (auf 500 m Horizontalentfernung, 75 m Höhenunterschied). Vom Scheitelpunkt aus wird ein Kreis mit dem Radius 4,5 cm gezeichnet, der den Schenkel im Punkt C schneidet. Danach wird das Lot von C auf die Horizontale gefällt.

c)

Horizontal-unterschied	25 m	40 m	50 m	200 m	300 m
Höhen-unterschied	3 m	4,8 m	6 m	24 m	36 m

Die Steigung der Straße beträgt 12 %.

Aufgabe RF 4

a) Alle Mittenvierecke sind Parallelogramme, denn einander gegenüberliegende Seiten sind parallel und gleich lang.

b) wahr; falsch; falsch; falsch; wahr

c) … ein Parallelogramm. … ein Rechteck (Parallelogramm). … ein Parallelogramm.

d) Das Mittenviereck ist ein Rechteck.

e) Die Mittendreiecke sind Verkleinerungen der Ausgangsdreiecke im Maßstab 1 : 2. Durch das Einzeichnen des Mittendreiecks wird ein Dreieck in vier kongruente Dreiecke unterteilt.

Aufgabe RF 5

a) In einem regelmäßigen Fünfeck sind alle Innenwinkel 108° groß ((180° · 5 − 360°) : 5 = 108°).

b) Man zeichnet einen 108° großen Winkel, trägt auf den Schenkeln jeweils 4 cm ab und erhält damit die Scheitelpunkte weiterer Innenwinkel, die wiederum 108° groß gezeichnet werden. Auf den freien Schenkeln werden 4 cm abgetragen, und durch das Verbinden der zuletzt ermittelten Punkte wird das Fünfeck fertiggestellt.

c) individuelle Zeichnung

d) 180° − 108° = 72°
180° − 2 · 72° = 36°
Die Innenwinkel an den Zacken sind 36° groß.

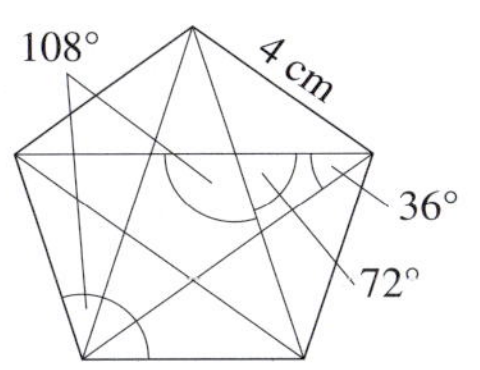

Aufgabe RF 6

a) Das Dreieck ABC ist gleichschenklig. $\overline{AC} = \overline{BC} = r$

b) Ja, da die Gerade CD die Mittelsenkrechte von $\overline{AB}$ ist, ist $\overline{AS} = \overline{BS}$ (Kongruenzsatz sws).

c) Wenn der Radius kleiner als die halbe Streckenlänge von $\overline{AB}$ ist, schneiden sich die Kreise nicht.

d) (1) Zeichne die Strecke $\overline{EF}$ mit $\overline{EF} = 5$ cm.
(2) Zeichne um E einen Kreis mit $r = \overline{EG} = 6$ cm.
(3) Zeichne um F einen Kreis mit $r = \overline{FG} = 7$ cm.
(4) Der Schnittpunkt der Kreise ist G.
(5) Konstruiere die Mittelsenkrechten.
(6) Der Schnittpunkt der Mittelsenkrechten M ist der Mittelpunkt des Umkreises. M hat von allen drei Eckpunkten des Dreiecks den gleichen Abstand (3,6 cm).

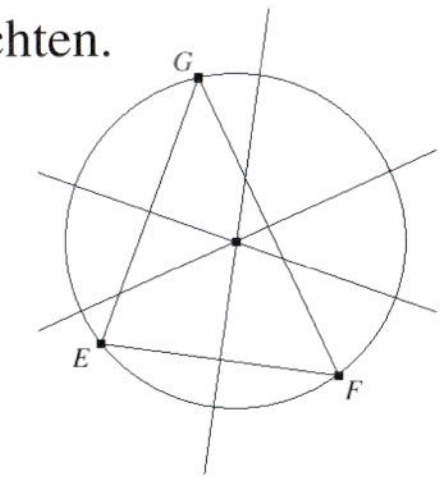

Aufgabe RF 7

a) individuelle Zeichnung

b) Es ist ab Quadrat Nummer 3 die Summe der beiden nächst kleineren Seitenlängen.

Nummer des Quadrates	1	2	3	4	5
Seitenlänge in cm	1	**2**	**3**	**5**	**8**

Nummer des Quadrates	6	7	8	9	10
Seitenlänge in cm	**13**	**21**	**34**	**55**	**89**

c) Jeder Bogen ist schätzungsweise 1,5-mal so lang wie die Seite des zugehörigen Quadrates.
1,5 · (1 + 2 + 3 + 5) = 16,5
Die Spirale im letzten Bild ist ca. 17 cm lang.

Leitidee Funktionaler Zusammenhang

Aufgabe FZ 1

a) ¾-l-Packung: 1 l Apfelsaft kostet 1,19 €.
0,7-l-Flasche: 1 l Apfelsaft kostet 1,13 €.
Der Saft in der Flasche ist preiswerter.

b) $125\,000 \cdot \frac{3}{4} = 93\,750$ $\quad (93\,750 : 0{,}7) : 12 \approx 11\,161$
Ca. 11 161 Kisten werden verkauft.

Aufgabe FZ 2

a) Kerze A brennt insgesamt 6 h und Kerze B $7\frac{1}{2}$ h.

b) Beide Kerzen brennen gleichmäßig ab, also können sie z. B. die Form eines Zylinders oder eines Prismas haben. Kerze B ist etwas dicker als Kerze A, da sie länger brennt. Beide Kerzen hatten anfangs eine Höhe von 15 cm.

c) Lösung C ist richtig, denn die Kerze ist 18 cm hoch (y-Achsenabschnitt) und brennt $0{,}9\,\frac{\text{cm}}{\text{h}}$ ab.

Aufgabe FZ 3

a) Ein Filzstift könnte 0,80 € bzw. 1,10 € kosten und ein Gelstift 1,60 € bzw. 1,10 €.

b) Berechnung des Preises eines Gelstiftes:
$(8{,}80\,€ - 5 \cdot 1{,}20\,€) : 3 = 0{,}9\overline{3}\,€$
Die Filzstifte können also nicht 1,20 € kosten.

c) $5 \cdot x + 3 \cdot 2x = 8{,}80$ $\quad x = 0{,}80 \quad 2x = 1{,}60$
Ein Filzstift kostete 0,80 € und ein Gelstift 1,60 €.

Aufgabe FZ 4

a) B3: 46,44 (36 % von 129 l)
B6: 7,74 (6 % von 129 l)

b) $4 \cdot 41{,}28\,\text{l} \cdot 365 = 60\,268{,}8\,\text{l} = 60{,}27\,\text{m}^3$
Eine vierköpfige Familie braucht ca. 60 m³ Wasser für Toilettenspülungen pro Jahr.

c) Man schätzt das Volumen von einem Tropfen Wasser und multipliziert es mit $20 \cdot 60 \cdot 24$,
z. B. $0{,}02\,\text{cm}^3 \cdot 20 \cdot 60 \cdot 24 = 576\,\text{cm}^3 \approx 0{,}6\,\text{l}$.

Aufgabe FZ 5

a) =A5*D1

b) Die kleinste Einheit ist ein Hundertstel Dollar.

c) =D5+10

d) 18,00 € = 24,28 $ 25,00 $ = 18,59 €
127,50 € = 171,97 $ 999,75 $ = 743,41 €

Aufgabe FZ 6

(1) $x = -3$ (2) $y = 11$
(3) keine Lösung (4) $x = -0{,}5$

Aufgabe FZ 7

a) Frau Tekolf hat 4 Kinder.

b) In einer Packung sind 15 Waffeln.

c) Pia bekommt 750,00 € und Lena 500,00 €.

Aufgabe FZ 8

a) Fair Talk: $4{,}95\,€ + 240 \cdot 0{,}10\,€ = 28{,}95\,€$
Fun Net: $240 \cdot 0{,}15\,€ = 36{,}00\,€$ Flatrate: 35,00 €

b) Fair Talk: $y = 0{,}10x + 4{,}95$
Fun Net: $y = 0{,}15x$ Flatrate: $y = 35$

c)

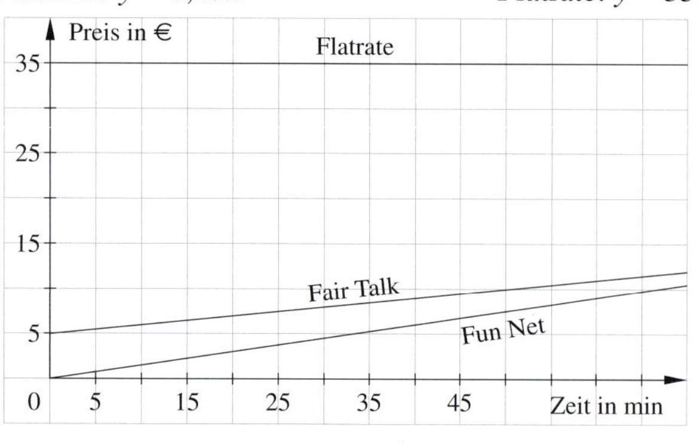

d) Fair Talk: $15 = 0{,}1x + 4{,}95$ $\quad x = 100{,}5$
Man kann 100,5 min (1 h $40\frac{1}{2}$ min) telefonieren.
Fun Net: $15 = 0{,}15x$ $\quad x = 100$
Man kann 100 min (1 h 40 min) telefonieren.

e) Fair Talk: $4{,}95\,€ + 105 \cdot 0{,}10\,€ = 15{,}45\,€$
Fun Net: $0{,}15\,€ \cdot 105 = 15{,}75\,€$
Man sollte den Tarif Fair Talk wählen.

f) Die Flatrate lohnt sich ab einer monatlichen Telefonzeit von 300,5 min (5 h $\frac{1}{2}$ min).

Aufgabe FZ 9

a) Der Füllvorgang dauert bei 6 Pumpen 12 h.

b) Mit 18 Pumpen ist das Becken in 4 h gefüllt.

c) Nach 3 h arbeiten die 8 Pumpen noch 6 h. Da nur noch 6 Pumpen laufen, benötigen diese noch 8 h.

Aufgabe FZ 10

a) Das Auto hat 200 km zurückgelegt.

b) Es wurden 45 l Benzin getankt.

c) Der Benzinverbrauch betrug 10 l pro 100 km, denn für 300 km wurden 30 l benötigt.

d) Für 650 km wurden 55 l benötigt. Das entspricht einem Verbrauch von ca. 8,5 l pro 100 km.

Aufgabe FZ 11

a) B ist passend. Der Wasserstand sinkt zunächst recht langsam und zum Schluss sehr schnell.

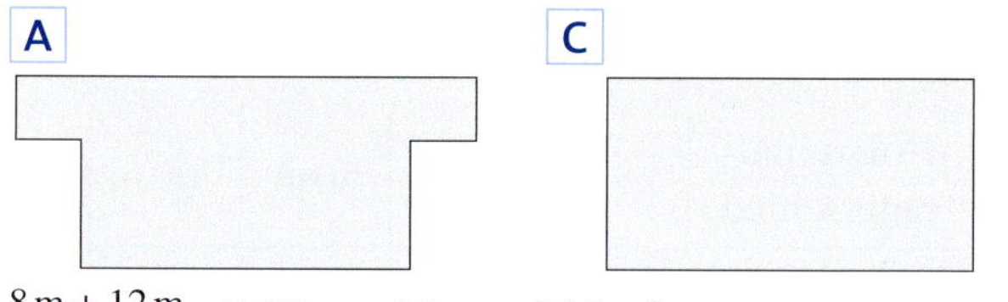

b) $\frac{8\,\text{m} + 12\,\text{m}}{2} \cdot 2{,}20\,\text{m} \cdot 15\,\text{m} = 330\,\text{m}^3$
$330\,000\,\text{l} : (2 \cdot 110\,\text{l}) = 1\,500 \quad 1\,500\,\text{min} = 25\,\text{h}$
Das Abpumpen dauert ca. 25 Stunden.

Aufgabe FZ 12

a) In Aachen kostet die Taxifahrt 17,90 €.

b) $2{,}3 + 1{,}4 \cdot x = 20$ Er kann 12,64 km fahren.

c) In Aachen zahlt man 12,70 € und in Köln 13,35 €.

d) Der Tarif für Köln wird in Diagramm B dargestellt und der Tarif für Aachen in Diagramm C.

e) A stellt einen Tarif ohne Grundgebühr und mit einem festen Kilometerpreis dar.
D veranschaulicht einen Tarif mit einer Grundgebühr, in der Freikilometer enthalten sind, darüber hinaus zahlt man einen Kilometerpreis.

Aufgabe FZ 13

a) Herr Wiechert wandert in den ersten 2 h 12 km mit einer konstanten Geschwindigkeit von 6 km/h. Danach macht er 1 h Pause und wandert weitere 8 km in 2 h mit einer konstanten Geschwindigkeit von 4 km/h. Es folgen eine halbstündige Pause und zum Schluss noch 4 km in 2 h mit einer konstanten Geschwindigkeit von 2 km/h.

b)
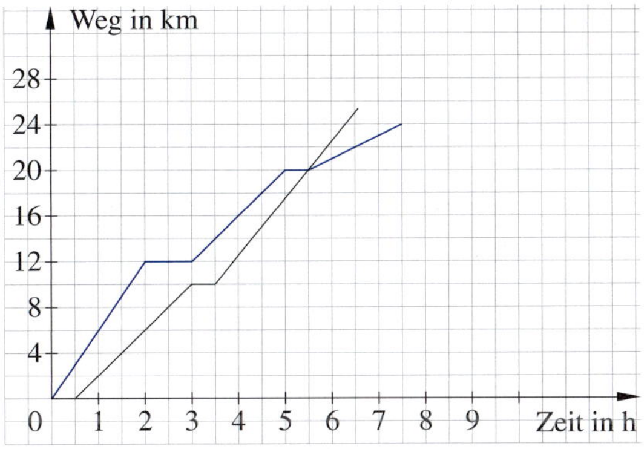

c) Beide Wanderer treffen sich um ca. 14:00 Uhr.
d) Er ist um ca. 14:48 Uhr (nach 5,8 h) am Ziel.

Aufgabe FZ 14

$\frac{2}{5}x + \left(\frac{2}{5}x + 5\right) + 6 = x$ $\qquad x = 55$

Der Bus hat 55 Sitzplätze.

Aufgabe FZ 15

$x^2 - 50 = (x - 1)^2$ $\qquad x = 25{,}5$

Die Rasenfläche war vorher 650,25 m² groß.

Aufgabe FZ 16

Hinweis zu a) und b): B steht für „Gesamtkosten beim Auto mit Benzinmotor, wenn 1 l Super 1,20 € kostet.“ und D für „Gesamtkosten beim Auto mit Dieselmotor, wenn 1 l Diesel 1,08 € kostet.“.

a)

	400 km	600 km	800 km	1000 km
B	221,20 €	236,80 €	252,40 €	268 €
D	231,60 €	242,40 €	253,20 €	264 €

b) B: $f(x) = 190 + 0{,}078x$ $\qquad$ D: $g(x) = 210 + 0{,}054x$

c)
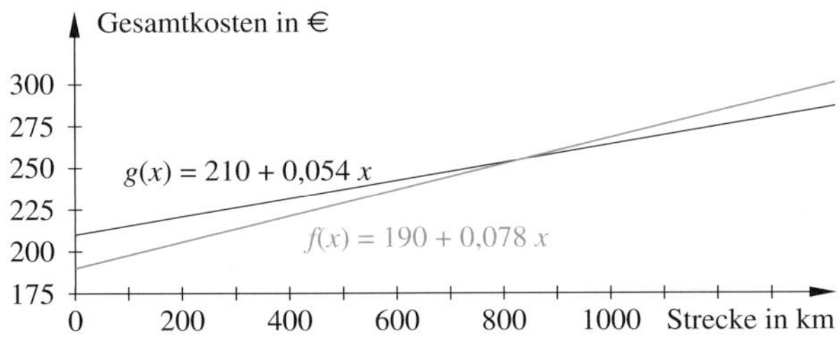

d) Das Auto mit Benzinmotor ist preisgünstiger.
e) $190 + 0{,}078x = 210 + 0{,}054x$ $\quad x = 833{,}\overline{3}$
Ein Diesel ist ab ca. 834 km monatlich günstiger.
f) Der Graph zum Benzinmotor verschiebt sich nach oben. Ein Dieselmotor wird bei einer geringeren Kilometeranzahl günstiger.

Leitidee Daten und Zufall

Aufgabe DZ 1

a) Sarah hat durchschnittlich 24,00 € Spenden eingesammelt. Der Median ihrer Spenden ist 25,00 €.
b) Sie hätte 41,00 € einsammeln müssen, damit der Mittelwert mit dem Median übereinstimmt.
c) Am Sonntag hat Yasemin 33,00 € eingesammelt.
d) z. B.: 18,00 €; 19,00 €; 20,00 €; 28,00 €; 30,00 €; 30,00 €; 30,00 €

Aufgabe DZ 2

a) Die Winkelgrößen der Kreissektoren müssen 120°, 108°, 60° und 72° betragen. Die Diagramme A und D passen zum Umfrageergebnis.
b)
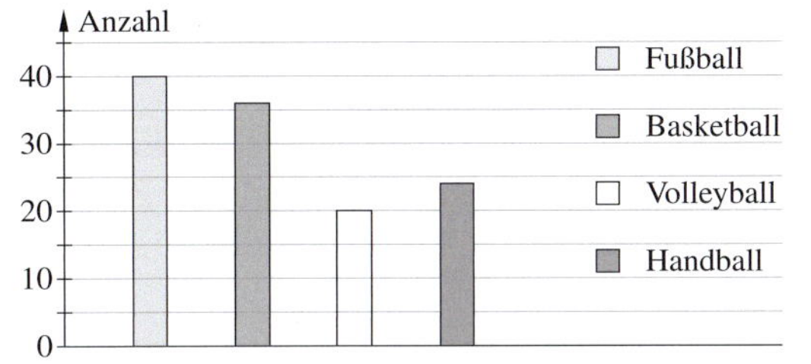

Aufgabe DZ 3

a) In der Gruppenphase fanden 48 Spiele statt.
b) Während der WM waren es insgesamt 64 Spiele.
c) In der Gruppenphase gab es durchschnittlich 2,46 Tore pro Spiel.
d)
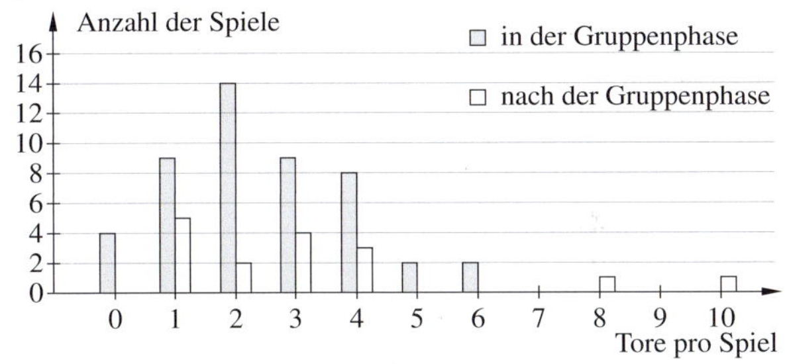

e) Da die Spiele nicht mit einem Unentschieden enden durften, fand z. T. ein Elfmeterschießen statt, was zu den hohen Torzahlen führte. Die beiden Spiele mit 8 bzw. 10 Toren erhöhen den Mittelwert. In den weiteren Spielen betrug die durchschnittliche Torzahl 3,19 Tore.

Aufgabe DZ 4

Für Patienten mit der Blutgruppe AB stehen ca. 5 Mio. Blutspenden zur Verfügung und für Patienten mit der Blutgruppe 0 ca. 2,05 Mio. Spenden.

Aufgabe DZ 5

a)

Augenzahl	1	2	3	4	5	6
absolute Häufigkeit	43	84	124	40	83	126
relative Häufigkeit	8,6 %	16,8 %	24,8 %	8 %	16,6 %	25,2 %

b) z. B.

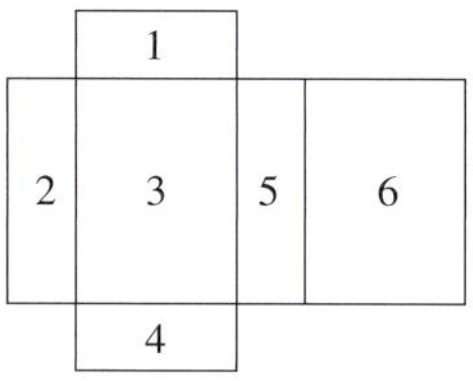

c) z. B.: 7-mal 1; 13-mal 2; 20-mal 3; 7-mal 4; 13-mal 5; 20-mal 6

Aufgabe DZ 6

a) $\frac{1}{9}$ $\frac{1}{12}$ $\frac{1}{4}$

b) z. B.: Es erscheint eine Zahl, die kleiner als 10 ist.

c) z. B.: Rad mit 20 gleich großen Sektoren, davon gehören 8 zu den Kleingewinnen, 7 zu den Trostpreisen, 4 zu den Nieten und einer zu den Hauptgewinnen.

Aufgabe DZ 7

a) Aussage (1) passt, denn sowohl die jüngeren als auch die älteren Mädchen geben eher Geld für Zeitschriften aus als die Jungen. (38 % gegenüber 30 % bzw. 47 % gegenüber 44 %).
Aussage (2) passt nicht, denn bei den Jüngeren sind es nur ca. 10 %, bei den Älteren ein Drittel.
Aussage (3) passt. Von den Jüngeren geben wenige Geld für Handys aus, während es bei den Älteren etwa 30 % sind.
Aussage (4) passt nicht, denn 25 % von 915 € sind 228,75 €. Sie erhalten aber durchschnittlich nur 144 € zu Weihnachten oder zum Geburtstag.

b) Es waren Mehrfachnennungen möglich.

c) Etwas weniger als die Hälfte werden Geld für Zeitschriften ausgeben, ca. 13 bis 14 Schüler.

Aufgabe DZ 8

Es werden voraussichtlich 27 Fahrer (18 %) sein.

Aufgabe DZ 9

a) Die Spalten B und C wurden markiert. Anschließend wurde ein „x-y Diagrammtyp" gewählt.

b) Die Wahrscheinlichkeit ist ca. 8 % („rel. Häufigkeit").

c) Es sind ca. 272 Bauteile zu produzieren.

Aufgabe DZ 10

a) Die Familie wird wahrscheinlich nach Holland fahren, da die Wahrscheinlichkeit für „Bundesadler und Zahl" 50 % beträgt, während sie für die anderen Urlaubsziele jeweils 25 % ist.

b) individuelle Lösung; Division der absoluten Häufigkeiten durch 50 ergibt die relativen Häufigkeiten.

c) Z. B. bei 1 oder 2 geht es nach Holland, bei 3 oder 4 nach Mallorca und bei 5 oder 6 in die Berge.

Aufgabe DZ 11

a) C14: 84 E6: 14,3

b) C14: =Summe(C3:C12) E11: =C11*100/C14

c) Die Summe der relativen Häufigkeiten muss 100 % sein.

d) Prozentsätze dürfen nur gemittelt werden, wenn sie sich auf den gleichen Grundwert beziehen.
Berechnet man die relative Häufigkeit beider nach der angegebenen Formel, erhält man 10,3 %. Das richtige Ergebnis ist aber 10 %.

e) links: absolute Häufigkeiten der Mädchen
Mitte: absolute Häufigkeiten der Jungen
rechts: absolute Häufigkeiten aller Befragten

Aufgabe DZ 12

a) Hinweis: S ≙ „Anzahl der Streichhölzer pro Schachtel", a ≙ „absolute Häufigkeit", r ≙ „relative Häufigkeit"

S	37	38	39	40	41	42	43
a	2	7	9	215	8	6	3
r	0,008	0,028	0,036	0,86	0,032	0,024	0,012

b) In einer Schachtel sind durchschnittlich 40 Hölzer.

c) Es sind etwa 430 000 Schachteln.

d) Etwa 7,2 % der Tagesproduktion enthält weniger als 40 Streichhölzer.

Aufgabe DZ 13

a) Nein, denn Tina gewinnt bei 15 verschiedenen Kombinationen und Sarah bei 20.

b) z. B.: Spieler 1 gewinnt bei den Augensummen: 2, 3, 5 oder 6. Spieler 2 gewinnt bei den Augensummen: 4, 8 oder 9. Spieler 3 gewinnt bei den Augensummen: 7, 10, 11 und 12.

Aufgabe DZ 14

a)

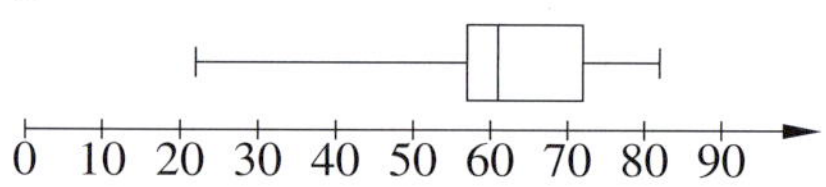

b)

	Max.	Min.	Median	oberes Quartil	unteres Quartil
Mädchen	82	36	67	74	58
Jungen	75	22	58	64	44

c) Die Maximalpunktzahl bei den Mädchen war höher als bei den Jungen. Die Spannweite war bei den Jungen größer als bei den Mädchen. Im Allgemeinen haben die Mädchen besser abgeschnitten.

d) Der Median der Noten beträgt 2, während der Mittelwert bei 3 liegt. Der Direktor sollte daher den Median nehmen, um das gute Ergebnis zu betonen.